高等职业教育艺术设计类新形态项目化教材

# 软装设计基础

## FUNDAMENTALS OF SOFT DECORATION DESIGN

石向飞 编著

中国轻工业出版社

#### 图书在版编目（CIP）数据

软装设计基础 / 石向飞编著. —北京：中国轻工业出版社，2024.10

ISBN 978-7-5184-4991-0

Ⅰ.①软… Ⅱ.①石… Ⅲ.①室内装饰设计 Ⅳ.①TU238.2

中国国家版本馆CIP数据核字（2024）第110069号

责任编辑：李　争
文字编辑：王　玥　　责任终审：高惠京　　设计制作：锋尚设计
策划编辑：王　淳　　责任校对：晋　洁　　责任监印：张　可

出版发行：中国轻工业出版社（北京鲁谷东街5号，邮编：100040）
印　　刷：天津裕同印刷有限公司
经　　销：各地新华书店
版　　次：2024年10月第1版第1次印刷
开　　本：870×1140　1/16　印张：8
字　　数：230千字
书　　号：ISBN 978-7-5184-4991-0　定价：58.00元
邮购电话：010-85119873
发行电话：010-85119832　010-85119912
网　　址：http://www.chlip.com.cn
Email：club@chlip.com.cn
版权所有　侵权必究
如发现图书残缺请与我社邮购联系调换
231322J2X101ZBW

# 前言 PREFACE

本书从学生认知规律出发,以培养软装设计师岗位人才和职业素养为目标。结合多年教学经验编排内容顺序,注重培养学生动手能力和创新思维,把课堂知识与实际的设计、施工紧密结合,教会学生做设计,将学生打造成"一毕业,就能干"的社会主义现代化建设的承担者。

在中国式现代化全面推进中华民族伟大复兴的历史时期,我们致力于提高学生的软装设计专业能力、艺术修养、综合素质,让学生在具备专业的陈设软装理论知识和专业技能的基础上,拥有较高的思想道德素养和职业道德水平,兼具工作时所需要的创新能力、交际能力、合作协调能力等综合素质。

现今社会,人们都希望在温馨舒适的环境空间中生活,软装设计就是根据用户的要求和所处环境,运用相应的视觉审美原则,将色彩、质地、肌理不同的材料加工成软装陈设品,将审美理念与艺术手段相融合,设计出满足人们物质和精神生活需要的生产、生活空间。空间环境的艺术性重点并不在于面积的大小,而在于气氛的营造;不追求家具的华丽,而倾向于舒适的感觉;不盲从时尚的潮流,只关乎自己的喜好,让身心得到全面的放松与愉悦。

随着时代的发展、人们生活水平的提高,软装与陈设被广为重视,成为建筑及环境设计中不可缺少的一部分。软装设计的主导思想是"以人为本",空间环境陈设设计要体现出主人的品味,将家具、灯具、布艺、花艺等进行合理的摆放,营造出具有审美品质的空间环境。目前,"轻装修、重装饰"的观念逐步被人们认可,所谓的"轻装修"并不是指不重视装修,而是指在室内空间中减少过度装修所造成的空间、资源、产品浪费等问题。"重装饰"凸显人们在室内空间中更加追求细节完美,从而营造一个人性化、个性化的室内空间。

环境设计是一项非常复杂的工作,其包含的内容较多,并且随着时代的发展而不断更迭。本书结合市场需求和行业发展状况,旨在用简洁的文字、丰富的图像、清晰的表格,方便读者掌握软装与陈设设计知识。通过本书知识点引导,读者可掌握陈设与软装设计的基本方法,提高审美能力,能够根据不同风格的室内空间进行合理的软装设计,艺术地摆放饰品。本书按照教案式的课堂教学模式进行编排,并安排了文前的项目导读、文中的补充要点、文后的项目小结、课后练习等帮助读者全面理解学习内容。

本书配有课件PPT和大量设计素材,以及相关思政融合,其内容新颖,系统全面,图文并茂,兼顾专业与普及两个方面。编写过程中,清华大学美术学院宋立民教授、鲁迅美术学院吴一源教授给予了指导意见,在此表示感谢。

石向飞<br>于山东淄博

# 目 录 CONTENTS

## 项目一　室内软装设计基础

- 任务一　软装设计概述……………………001
- 任务二　软装设计分类……………………006
- 任务三　软装设计发展趋势………………007
- 任务四　软装潮流发展……………………010
- 任务五　办公空间陈设项目案例…………013
- 课后练习……………………………………015

## 项目二　软装设计流程

- 任务一　设计师基本要求…………………016
- 任务二　陈设设计原则……………………019
- 任务三　一般设计流程……………………020
- 任务四　预算成本制订……………………023
- 任务五　北欧厨房设计项目案例…………027
- 课后练习……………………………………028

## 项目三　软装设计风格分类

- 任务一　新中式风格………………………029
- 任务二　地中海风格………………………032
- 任务三　东南亚风格………………………036
- 任务四　欧式风格…………………………038
- 任务五　日式风格…………………………040
- 任务六　田园风格…………………………041
- 任务七　现代简约风格……………………044
- 任务八　趣味客厅陈设项目案例…………047
- 课后练习……………………………………048

## 项目四　软装色彩设计

- 任务一　色彩设计基础……………………049
- 任务二　色彩应用…………………………055
- 任务三　色彩流行趋势……………………061
- 任务四　撞色空间设计项目案例…………064
- 课后练习……………………………………065

## 项目五　陈设家具摆放设计

任务一　居住空间家具摆放设计......066
任务二　办公空间家具摆放设计......080
任务三　商业空间家具摆放设计......081
任务四　小型景观家具摆放设计......083
任务五　生态主题空间项目案例......084
课后练习......085

## 项目六　布艺软装设计

任务一　布艺软装基础......086
任务二　壁毯与地毯......088
任务三　窗帘类型与搭配......090
任务四　抱枕与床品选择......093
任务五　酒店空间软装项目案例......098
课后练习......099

## 项目七　绿植花艺设计

任务一　花艺装饰功能......100
任务二　花器种类与选择方法......102
任务三　绿植与花艺布置技巧......105
任务四　插花设计制作项目案例......110
课后练习......113

## 项目八　灯具

任务一　灯光与灯饰功能......114
任务二　灯饰类别......116
任务三　灯饰搭配技巧......119
任务四　艺术空间灯具项目案例......120
课后练习......121

**参考文献**......122

# 项目一 室内软装设计基础

**学习目标**：掌握软装与陈设设计基本概念，提高审美能力

**重点概念**：软装设计、陈设设计、软装市场、国际潮流

### ◁ 项目导读

软装即软装修、软装饰。软装设计所涉及的软装产品包括家具、灯具、窗帘、地毯、挂画、花艺、饰品、绿植等。根据客户喜好和特定的空间风格，通过对软装产品进行设计与整合，最终对空间设计风格和效果进行塑造，使得整个空间和谐、温馨、漂亮（图1-1）。

图1-1：客厅作为住宅空间中最能彰显业主品位的空间，在软装设计上可选择较有艺术性的装饰品作为空间的点缀，比如：花瓶、软包家具、装饰画等。

图1-1 客厅软装设计

## 任务一 软装设计概述

软装是相对于建筑本身的硬结构空间而言的，是建筑视觉空间的延伸和发展。软装对现代环境空间起到了创造环境意境、丰富空间层次、强化室内环境风格、调节环境色彩等作用。软装设计毋庸置疑地成为室内设计过程中画龙点睛的部分。

## 一、软装设计概念

在环境设计中,室内建筑设计可以称为"硬装设计",而陈设艺术设计可以称为"软装设计"。"硬装"可以简单理解为一切室内不能移动的装饰工程;而"软装"可以理解为一切室内陈列的可以移动的装饰物品,包括家具、灯具、布艺、挂件、地毯、装饰画等(图1-2)。

## 二、陈设设计概念

陈设也可称为摆设、装饰,俗称软装饰。"陈设"可理解为摆设品、装饰品,也可理解为对物品的陈列、摆设布置、装饰。陈设品是指用来美化或强化环境视觉效果的、具有观赏价值或文化意义的物品。就陈设品的概念而言,它包括室外陈设品和室内陈设品两部分内容(图1-3)。

(a)软装花艺

(b)布艺

图1-2 软装与陈设

图1-2(a):花瓶和鲜花是可以移动的,随着主人的偏好和审美的变化可随时改变,属于软装范围。

图1-2(b):布艺集装饰性与实用性为一体,涵盖多个方面,被套与床单以及抱枕均属于软装范畴。

(a)绿植与花卉

(b)散装实木雕刻摆件

(c)多样的植物种类

图1-3 装饰品

图1-3(a):绿植与花卉符合陈设的观赏条件,用于装饰室外庭院或者道路,属于室外陈设品。

图1-3(b):该类散装实木雕刻摆件,散发着北欧的风格韵味,无论是单独摆放还是组合摆放都能为室内增添趣味,属于室内陈设品。

图1-3(c):绿植能够美化和强化环境视觉效果,根据不同的室内风格可选择不同的植物种类。

图1-4 具有观赏效果的陈设品

图1-5 家具

图1-4：该类艺术品具有文化意义，代表了各个雕塑家的主要作品，只能作为观赏用，不具备使用功能，但能增添文化艺术魅力。

图1-5：在选择家具的过程中，实用性应大于其装饰性，当然有很多家具两者兼备，挑选自己喜爱的即可，同时注意尺寸是否合适。

陈设品的内容丰富。从广义上讲，环境空间中，除了围护空间的建筑界面以及建筑构件外，一切实用或非实用的可供观赏和陈列的物品，都可以作为陈设品。陈设品根据性质，可分为四大类。

#### 1. 纯观赏性的物品

主要包括艺术品、部分高档工艺品等。纯观赏性物品不具备使用功能，仅作为观赏用，它们或具有审美和装饰的作用，或具有文化和历史意义（图1-4）。

#### 2. 集实用性与观赏性于一体的物品

主要包括家具、家电、器皿、织物等。这类陈设品既有特定的实用价值，又有良好的装饰效果（图1-5）。

#### 3. 因时间发生功能改变的物品

一般指那些原先仅有使用功能的物品，随着时间的推移或地域的变迁，这些物品的使用功能已丧失，同时它们的审美和文化价值凸显，因而成为珍贵的陈设品。如远古时代的器皿、服饰甚至建筑构件等极有意义的陈设品。

#### 4. 经过艺术处理后的物品

这类物品可分两类：一类是原先仅有使用功能的物品，将它们按照形式美的法则进行组织构图，构成优美的装饰图案；另一类是那些既无观赏性，又没有使用价值的物品，经过艺术加工、组织、布置后，成为很好的陈设品（图1-6）。

图1-6 旧报纸制作的工艺品

图1-6：报纸上的信息阅览完毕后，报纸的价值也随之而去，但报纸的纸质具有复古特色，泛黄的报纸可以折叠或者粘贴成各类小件，摆放在家中，增添室内的艺术气息。

## 三、软装设计优势

软装应用于环境空间设计中,不仅可以给居住者视觉上的美好享受,也可以让人感觉到温馨、舒适。

### 1. 表现环境风格

环境空间的整体风格除了靠前期的硬装来塑造之外,后期的软装布置也非常重要,因为软装配饰素材本身的造型、色彩、图案、质感均具有一定的风格特征,对环境风格可以起到更好的表现作用(图1-7)。

### 2. 营造环境氛围

软装设计对于渲染空间环境的气氛,具有巨大的作用。不同的软装设计可以造就不同的室内环境氛围,例如,欢快热烈的喜庆气氛、深沉凝重的庄严气氛,给人留下不同的印象(图1-8、表1-1)。

图1-7(a):白蓝相间的软装色调表现简约舒适、时尚的设计风格,搭配相应配色家具,易使整体空间协调。

图1-7(b):白灰色系的结合,彰显气质简约风,适合年轻群体。

(a)白蓝相间　　　　　　(b)白灰色系

图1-7　表现风格

图1-8:咖啡厅是人们在工作间隙来放松的地方,因此整体风格应该简洁清新,不必过于累赘,可尝试浅色调设计。

图1-8　营造氛围

表1-1　　　　　　　　　　　　　三类常用餐厅色调及氛围效果

| 色系 | 说明 | 图片 |
|---|---|---|
| 红色系 | 红色是非常喜庆、热情的色彩，因此红色风格的餐厅能够让人焕发活力，很多中式风格的餐厅都特别喜欢使用红色调 | |
| 绿色系 | 绿色是一种特别清新明快的颜色，能够带来不一样的舒适感，在餐厅中搭配一些绿色的家具，也特别亮眼 | |
| 黄色系 | 黄色是一种特别有活力的色彩，能够带来别样的温馨感觉，因此想要素雅一些的餐厅，可以考虑黄色系 | |

— 补充要点 —

### 色系的运用

色系并不是所有的软装饰品都要应用这一个颜色，也可以采取单色点缀的形式，避免颜色过于厚重带来视觉疲劳。例如，红色系餐厅，可以选择一盏红色的灯具，其他家具选择与红色搭配的颜色，但一定要突出色系重点。

### 3. 调节环境色彩

在现代环境设计中，软装饰品占据的面积比较大。在很多空间里，家具占的面积大多超过了40%，其他如窗帘、床罩、装饰画等饰品的颜色，对整个空间的色调形成起到很大的作用（图1-9）。

### 4. 随心变换装饰风格

软装另一个作用就是能够让环境空间随时跟上潮流，便于随心所欲地改变居家风格，随时拥有一个全新的风格。例如，可以根据心情和四季的变换，随时调整布艺，夏天换上轻盈飘逸的冷色调窗帘，换上清爽的床品、浅色的沙发套等，这时空间就立刻显得凉爽起来。

图1-9　原木色家具

图1-9：原木色家具能很好地诠释返璞归真的情调。卧室尽量选择颜色较浅的原木色家具，浅原木色调的家具清淡温馨，更代表一种简约的情调。

原木色和白色最容易搭配。白色能突出原木家具本身崇尚自然、清新宜人的风格，保证装修整体简洁明亮。

---
**- 补充要点 -**

**软装陈设与空间设计的关系**

软装陈设设计与环境设计是一种相辅相成的枝叶与大树的关系，不可强制分开。只要是存在设计的环境中，就会有软装陈设设计的内容，只是多与少、高与低的区别。但有时在某种特殊情况下，或因时代发展的需求，软装陈设设计参与设计的要素较多，形成了以软装陈设为主的设计环境。

---

# 任务二　软装设计分类

随着时代的发展、科技的进步，更多人开始追求精神生活，室内空间更加追求舒适性、个性化。因此，室内空间中软装种类慢慢呈现多样化趋势，为传统的室内空间增添了丰富的艺术气息。

## 一、按材质分类

软装饰种类繁多，使用的材料种类也繁多，如花艺、绿色植物、布艺、铁艺、木艺、陶瓷、玻璃、石制品、玉制品、骨制品、印刷品、塑料制品等，都属于传统材料制品。而玻璃钢、贝壳制品、合金制品等，都属于新型材料制品。

## 二、按功能分类

装饰性陈设品主要是指具有观赏性的软装陈设，如雕塑、绘画、纪念品等，此类装饰品有一部分属于奢侈品范畴，不是每个消费者都会选择，但是一旦选择正确，能大大提高室内空间的艺术品位（图1-10）。

（a）油画

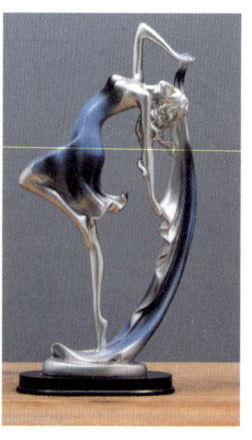
（b）小型雕刻作品

（c）粉红色蒲苇

图1-10　软装陈设品

图1-10（a）：精美的油画一般价值较高，若是出自名人之手，更是价值不菲，名画也属于奢侈品。

图1-10（b）：小型雕刻作品放置于桌案或是柜中，能很好地体现出主人品位，其精美工艺需要细细地感受。

图1-10（c）：花艺能够很好地改善室内软装氛围，粉红色的超大的蒲苇一定是许多少女的心头好，其柔软飘逸的形态令人很难抗拒。

功能性陈设品是指具有一定实用价值并具有观赏性的软装陈设,此类软装陈设放在环境空间中,不仅实用,又具有装饰效果,是大多数业主非常喜爱的产品。

### 三、按收藏价值分类

增值陈设品,如字画、古玩等,具有一定工艺技巧和有升值空间的工艺品、艺术品,都属于增值收藏品(图1-11)。其他无法升值的则属于非增值装饰品,例如普通花瓶、相框、时尚摆件等(图1-12)。

图1-11 有年代感的老器物

图1-11:瓷器的保值价值通常较高,尤其是古玩类,精美的造型和存世的稀少都使其升值空间很大。而且摆放在家中有一种尊贵的气质。

图1-12:普通的相框通常是没有保值价值的,属于装饰品,能够使照片更好地被保护起来,一副精美的相框能让照片成为一幅精美的装饰画。

图1-12 相框

# 任务三 软装设计发展趋势

在人们物质生活得到了满足的同时,对空间的舒适度要求也在逐步提高,与此同时软装元素也慢慢走进大众的生活中,软装设计在室内空间中的应用日益广泛。

### 一、软装设计背景

软装饰艺术发源于现代欧洲,又称为装饰派艺术,或称为"配饰艺术"。它兴起于20世纪20年代,随着历史的发展和社会的不断进步,在新技术蓬勃发展的背景下,人们的审美意识普遍觉醒,装饰意识也日益强化。如今,在信息化高速发展的时代,人们不断地接受各地传来的时尚、流行风格,更加注重自己生活空间的软装配饰的风格、色彩搭配、陈设设计。现代简约家具强调功能性设计,线条简洁流畅,色彩对比强烈。大量使用钢化玻璃、不锈钢等新型材料作为辅材,也是现代风格家具的常见装饰手法,能给人带来前卫、不受拘束的感觉(图1-13)。

软装饰艺术的装饰图案一般呈几何形,或是由具象形式演化而成,所用材料丰富,除天然原料外,也采用一些人造物质。其装饰的典型主题有动物、太阳等,借鉴了美洲印第安人、埃及人和早期的古典主义艺术,体现出自然的启迪。出于各种原因,软装饰艺术在"二战"时不再流行,但从20世纪60年代后期开始再次引起人们的重视,并得以复兴。现阶段软装饰已经发展得比较成熟(表1-2)。

图1-13:随着人们从物质追求转移到精神追求上,体现在卧室空间软装设计上,会选择多种材质、样式的陈设装饰空间。

图1-13　软装饰

表1-2　　　　　可爱的动物造型软装饰品

| 猫头鹰和狐狸 | 考拉 | 斑点狗 | 小猫 |
|---|---|---|---|

软装历来就是人们生活的一部分,它是生活的艺术。随着经济全球化的发展,物质的极大丰富带给人们琳琅满目的商品和更多的选择,什么样的搭配更协调,更高雅,更能彰显居者的品位,成为一门艺术,于是诞生了软装饰行业。

就会给完整的项目设计结果带来风险。随着国内设计领域整体发展的快速推进,以及与国外室内设计的频繁交流,软装设计与环境空间设计的距离必然会被逐步拉近,最终会结合成为一体,这是一个大的发展趋势。

## 二、当今状况

软装陈设设计是一项整体的工作,若是将它分拆成两个部分,存在很大的不确定性与歧义性,这

## 三、未来趋势

在个性化与人性化设计理念日益深入人心的今天,人的自身价值的回归成为关注的焦点。从满足

用户的心理需求出发，只有把人放在首位、以人为本，才能使设计人性化。作为一个软装设计师，要以居住的人为主体，结合环境空间的总体风格，充分利用不同装饰物所呈现出的不同性格特点和文化内涵，使单纯、枯燥、静态的室内空间变成丰富的、动态的空间（图1-14）。

目前中国软装设计服务对象主要是对生活质量要求高的人群，主要项目包括中高档住宅、别墅、房地产样板间、高档奢侈品展示厅、高档商品店面陈列、家居类产品展会布置与店面设计（图1-15）。

图1-14 别墅软装设计

图1-14：别墅的软装设计相对较为复杂，一是面积广泛，二是功能全面，三是装饰精美。在装饰搭配上需要考虑空间的具体形状来规划，还要考虑居室主人的爱好与习惯，体现其品味。

图1-15 样板间

图1-15：样板间是对商品房的一个包装，也是用户对装修效果的一个参照物，更是一个楼盘的脸面，一个样板间的软装设计，能够直接影响房子的销售情况。

---

### — 补充要点 —

#### 别墅软装设计技巧

1. 从装修风格着手来搭配软装。家居饰品要先找出大致的风格与色调，依着这个统一基调来布置就不容易出错。

2. 从功能着手来搭配软装。软装搭配从功能上来看主要可以分成三类，第一类以实用为目的；第二类以观赏性、装饰性为目的；第三类为以上两者的综合。在进行软装搭配设计的时候，要将各个部分有机地整合起来，形成一个统一的整体。

3. 从颜色着手来搭配软装。在进行软装搭配设计的时候，不得不考虑的一个问题就是颜色，一般的家装原则就是一个房间不要使用超过三种颜色，而白色是百搭色。对于软装的颜色，要注意空间里色调的变化。

4. 从小的家居饰品着手来搭配软装。摆饰、抱枕、桌巾、小挂饰等中小型饰品是最容易上手布置的单品，入门者可以先从这些着手，再慢慢扩展到大型的家具陈设。小的家居饰品往往会成为视觉的焦点，更能体现主人的兴趣和爱好。

# 任务四　软装潮流发展

软装的出现体现了人们在现代消费环境中的消费理念的变化，追求室内空间别具一格，富有文化内涵。随着中国的国际化发展以及国力增强，室内软装呈现多样化的发展趋势。

## 一、谷仓门

谷仓门，就是"导轨外置的推拉门"。谷仓门的门型多样，基本没有风格限制，所以无论是怎样的装修风格，乡村或现代简约，再或者是奢华时尚，谷仓门都能很好地融入，为整体家装添上亮丽的一笔（图1-16）。

## 二、墙壁与陈设

田园风是营造户外感最好的风格之一。看似复杂的碎花图案会让整体风格看起来柔和素雅，巧妙地融入周围的整体风格当中。

在选择的时候要注意最好是选择淡雅的颜色，一般淡色系能够营造出春日里阳光明媚的感觉，从视觉上会给人清新的感觉。多而不杂的印花图案可以令人在精神上得到很好的放松。选择了这种碎花墙纸后，家具装饰最好是选择纯色来搭配，会对视觉舒适有辅助的作用（图1-17）。

图1-16（a）：亮橘色作为谷仓门的颜色，点亮了整体的室内空间，起到了很好的装饰效果。谷仓门设计不占用空间，又可以将洗衣间进行隔断。

图1-16（b）：谷仓门的优点多得数不胜数，比如高颜值、节省空间、风格不受限制、适用于多种空间、选择性也很多。但是，谷仓门还是有缺点的，比如私密性较差，隔音性较差，同时目前还没有在市场上普及，购买渠道以网购为主。

（a）亮橘色谷仓门

（b）高颜值谷仓门

图1-16　谷仓门

图1-17（a）：中国风印花壁纸能轻松地营造出复古的氛围，让家居风格清新而独具韵味。

图1-17（b）：墙纸的应用使得墙面已经夺人眼球，在装饰物的选择上，不宜再选择那些极具设计元素的装饰品了，推荐这种纯色、带有造型设计感的花瓶。

（a）中国风印花壁纸

（b）纯色花瓶

图1-17　墙壁与陈设搭配

## 三、Ins风格家具

Ins是指一款叫Instagram的应用,用户可以在上面分享自己的照片。近几年逐渐形成了特有的风格,关于Ins的摄影工具备受年轻人欢迎,大家对这种清新、自然、复古、有格调的风格很追捧,也延伸出了Ins风格的家居(表1-3)。

Ins风格最主要的核心是简约,无论是家居设计还是整体色系的搭配,都以简约风格为主(图1-18)。

表1-3  Ins风格家居常用单品

| 绿植花艺 | 灯具灯饰 | 挂件摆件 | 布艺 |
| --- | --- | --- | --- |
|  |  |  |  |
|  |  |  |  |
|  |  |  |  |

(a)白色的墙面

(b)木质座椅

(c)原木材料

图1-18  Ins风格软装

图1-18(a):Ins家居风比较简约,但少不了装饰物的衬托。白色的墙面需要装饰性的设计来进行点缀。

图1-18(b):木质座椅可以有效调节整体氛围,不过最好是选择布艺与木质相结合的座椅。

图1-18(c):想要营造出清新简约的家居风格,少不了原木材料,这种浅色系的原木材质很容易营造出柔和的舒适感。

## 四、美人鱼瓷砖

如今家居装饰越来越追求个性化,各种不同的装饰不断出现,让人们有更多的选择,可以根据自己的喜好装饰房子。美人鱼瓷砖的独特造型与复古肌理一定能捕获你的目光,这些鳞片状的瓷砖已经流行起来,越来越多的人选择用这种瓷砖装饰自己的房子(图1-19)。

## 五、藤编家具

无论是时尚穿衣还是家居设计,田园风都是备受人们喜爱的一种风格,特别是在春夏季,藤编家具是清爽风格的标志。早在还没有空调冷气的年代,藤编家具便是春夏季节里的首选,这种清新自然的风格能够在炎热的季节带来丝丝清凉(图1-20)。

图1-19(a):颜色清爽的白色厨房,非常适合蓝色的加入,加上了美人鱼瓷砖,立刻有了海洋的气息,为装饰简单的厨房增添了更多的画面感。

图1-19(b):美人鱼瓷砖本来就具有海洋气息,和与水相关的浴室极为搭调。可将淋浴间的一面墙铺成海洋的蓝色,也可用于装饰浴室的墙面或地面,都是非常好的选择。

(a)厨房　　　　　　　(b)浴室

图1-19　美人鱼瓷砖

图1-20(a):藤椅通常都拥有宽大的外形,坐稳后这种宽松感会让你觉得很舒适。灵活度极高的藤编设计可以轻松搭配各种家具风格。

图1-20(b):藤编茶几很适合简约和色彩鲜明的家居设计,搭配布艺的沙发能够让整体风格变得温馨而又轻松,素雅的藤编茶几尽显自然情怀。

(a)藤椅　　　　　　　(b)藤编茶几

图1-20　藤编家具

## 六、褶皱软装元素

2019年最新的室内设计趋势中,充满线性主义意味的"褶皱"设计排在了软装设计趋势的首位。作为时尚流行设计趋势的经典元素之一,褶皱在时尚、艺术、软装等诸多领域有着出色的表现,主要应用于墙面的设计,作为餐厅、卧室或主客厅的背景,也可以作为家具的元素使用,通过垂直的图案或纹理装饰出时尚、有设计感的家(图1-21)。

(a)垂直的褶皱背景墙　　　　　(b)延展空间　　　　　(c)整洁的视觉效果

图1-21　皱褶软装元素

图1-21(a):简约风似乎从来都不会过时,垂直的褶皱背景墙将大面积的色块完整分割,整体视觉效果更加流畅,又不会抢了主体物的装饰光芒。垂直的纹理在巧妙的灯光设计下,呈现出完整又不失变化的光影效果,烘托出静谧、舒适的空间氛围。

图1-21(b):或横向或纵向的褶皱让空间得以延展,视觉效果更具连贯性。

图1-21(c):简约、整洁的视觉效果是洗漱空间设计的精妙所在,横向褶皱纹理瓷砖的应用为空间带来稳重感。

# 任务五　办公空间陈设项目案例

办公空间软装是指对办公空间整体的规划、装饰。在符合该办公行业特点、使用要求和工作性质的前提下,对办公空间做出不同装饰设计。一般办公空间设计分为会议室、经理室、前台区域和集体办公空间(图1-22~图1-26)。

前台接待区装修设计应该考虑到合理性问题，合理划分行动区域，尽量能够引导来访者简短、直接地走进接待室。

图1-22　前台接待区

图1-22：接待区设置的面积、规格要根据企业公共关系活动的实际情况而定。接待区的布置要整洁、美观大方，可摆放一些企业标志物和绿色植物及鲜花。

图1-23　会议室

图1-23：会议室一般是指供开会用的空间场地，同时又是放置会议电话设备的场所，因此会议室的设计合理性决定会议电视图像的观看效果，也直接影响了开会的效率。

图1-24　经理办公室

图1-24：在办公室软装设计中经理办公室是相当重要的，一个好的经理室软装能充分地反映企业的整体实力，同时也能显示出企业的发展与经营情况。

图1-25　茶水间

图1-25：茶水间是装修的一部分，它是员工进行放松的空间，需设计出轻松自在的格调。椅子选择以简单大方为主，椅子的靠背较低，略显舒服。墙的装饰和地面的铺设活泼大方，突出放松身心。

图1-26　花卉和植物

图1-26：花卉和植物是设计中不可或缺的要素。在办公室软装设计中可以在座位附近摆设或大或小的、与周围环境搭配的花卉和植物，让所有靠近的人都有好心情，让气氛祥和，办公效率提高。

## 项目小结

随着时代的不断发展，软装饰走入了人们的生活，可以根据空间的大小形状，人们的生活习惯、兴趣爱好和各自的经济情况，从整体上综合策划装饰装修设计方案，体现出个人的个性品味，而不会千篇一律。相对于硬装修一次性、无法回溯的特性，软装修却可以随时更换，更新不同的元素，为空间带来新鲜感和个性化表达。

## 课后练习

1. 简述软装与陈设的概念。
2. 列举软装与陈设的区别。
3. 软装与陈设设计的作用有哪些？
4. 软装与陈设可分为哪些类别？
5. 了解相关资料，结合当今室内设计市场，谈谈你对软装与陈设设计市场的发展情况的看法。
6. 生活中常用的一些软装与陈设饰品有哪些？作业数量：将收集的资料和设计方案汇总到PPT中，上课进行展示分享。建议完成课时：4课时。
7. 邓小平同志"放眼世界，放眼未来，也放眼当前，放眼一切方面"的世界眼光和战略思维，告诉我们需以发展、客观的角度去看待事情。对于陈设设计而言，我们需要多加学习世界先进设计理念，并以发展的角度去分析其发展趋势。请根据自己的理解分析当前陈设设计市场的发展走势。

# 项目二 软装设计流程

**学习目标：** 提高职业素养、理解陈设设计原则、掌握软装设计流程、学会软装成本预算

**重点概念：** 设计师、设计原则、设计流程、预算成本

## ◀ 项目导读

设计是把一种计划、规划、设想通过视觉形式表达出来的活动过程，设计是创造性思维活动，是技术与艺术相结合的结果。人们常把设计师与艺术家混为一谈，设计与艺术有着本质区别，设计是利用艺术和技术手段解决问题，必须考虑用户的要求和商业的需要；而艺术是创作人情感的单向表达，创作者并不讨好任何人（图2-1）。

图2-1：住宅软装设计的完美呈现需要设计师较高的审美水平以及专业能力，还需要有系统的设计、施工团队及流程，保证设计图与最后所呈现的实景图基本一致，让消费者对最终效果满意。

图2-1 住宅软装设计

## 任务一 设计师基本要求

现代软装设计师必须具有宽广的文化视角、深邃的智慧和丰富的知识，具备设计创新知识，拥有敏锐的捕捉时尚元素的能力，能够应对设计中的突发情况，这些都是软装设计师需要具备的基本能力。

## 一、能力体现

### 1. 注重空间使用者的生活方式

设计师不仅仅要关注风格，强化主题，更重要的是关注人在这个空间中的生活方式，满足使用者对颜色、功用等方面的要求。陈设表达离不开对人的生活方式的探究和思考，一个空间从家具、布艺、灯具到绿植、花艺、挂画多方面的美感与品位，需要设计师不断地去加强和提升，需要设计师对使用空间的人与特征进行观察，最终形成设计（图2-2、图2-3）。

图2-2　白色沙发

图2-2：白色沙发非常容易搭配，布面的设计本身就能给人一种舒适的感觉，另外还非常耐用。

图2-3　日常小物件

图2-3：日常的小件物品摆设也需要秩序感和错落感，但整体上是协调的，多而不杂，乱而有序。

### 2. 具备良好的沟通能力

陈设设计师需要具备良好的沟通能力。在与客户沟通的时候，能够了解到对方的品位需求、对美感的感受，针对客户的类型做出相应的陈设设计。因此，整个设计的起点是客户，终点也是客户。例如，沙发是我们生活中经常用到的家具，要根据客户的习惯和爱好进行挑选（图2-4）。

图2-4：一般深色系的沙发都具有厚重的色彩，看起来很饱满，极易成为客厅的主角。绒面沙发，深绿色给人以清冷的感觉，但搭配绒面的质感又增添了些许温馨。

图2-4　深色系沙发

### 3. 不断加强对高品质设计的追求

软装设计师，不仅要将这些空间因地制宜地设计出来，而且还要在个别产品的选择上，拥有独到的眼光。这些眼光来源于平时的观察、收集、反馈，不断地提升自己对美感、质感的高品质追求。

## 二、素质要求

### 1. 自信表达

坚信自己的个人信仰、经验、眼光、品位，不盲从、不孤芳自赏、不骄、不浮。以严谨的治学态度面对设计，不为个性而个性，不为设计而设计。作为一名设计师，必须有良好的基本素质和高超的设计技能，汲取优秀设计精华，实现新的创造（图2-5）。

### 2. 职业道德

设计师职业道德的高低和设计师人格的完善有

图2-5：开放式浴室以更宽敞、通透的空间格局，使卫浴间摆脱狭窄幽闭的印象。浴室可以说是最能体现一个人生活品质和档次的室内设施了，好的浴室能将空间风格和功能很好地融合在一起。

图2-5　通透式浴室

很大关系，往往决定一个设计师设计水平的就是人格的完善程度，其程度越高，其理解能力、权衡能力、辨别能力、协调能力、处事能力就越强，人格的完善将协助设计师在职业生涯中越过一道又一道障碍。

### 3. 设计师要懂得自我提升

设计师必须在不断的学习和实践中提高设计水平，设计师的广泛涉猎和专注是矛盾与统一的辩证关系，前者是灵感和表现方式的源泉，后者是工作的态度。在设计中最关键的是意念，好的意念需要修养和时间去孵化。设计师还需要开阔的视野，使信息来源更为广阔（图2-6）。

### 4. 设计师需要国际化设计思维

有个性的设计可能是来自本民族悠久的文化传统和富有民族文化本色的设计思想，民族性、独创性与个性化是同样具有价值的，地域特点也是设计的背景知识之一。未来的设计师需认识到，每个民族的特色更多地体现在民族精神层面，民族和传统也将成为一种图式或者设计元素，设计师有必要认真看待民族传统和文化（图2-7）。

图2-6　大理石图案

图2-6：除了硬性材质，大理石花纹还可表现在布艺上，如床单、被套、桌布、灯罩、地毯等。

图2-7　中式风格

图2-7：中式风格中书法作品是代表性装饰，彰显文人气息，除此之外，博古架也是必不可少的一类家具，琳琅满目的陈设品摆放在博古架上，能给人带来极大的成就感。

# 任务二　陈设设计原则

一个较好的室内陈设装饰设计能够体现其空间主人的身份、审美爱好以及文化品位。在陈设设计中设计师需要注重设计原则，保证室内环境的统一性、协调性。

## 一、风格制订

在软装设计中，最重要的概念就是先确定环境空间的整体风格，然后用饰品做点缀。在设计规划之初，就要先将客户的习惯、喜好、收藏等全部列出，并与客户进行沟通，在考虑空间功能定位和使用习惯的同时满足个人风格需求。

## 二、搭配比例

软装搭配中最经典的比例分配莫过于黄金分割了。如果没有特别的设计考虑，不妨就用1∶0.618的比例来划分环境空间（图2-8）。

## 三、设计节奏把握

节奏与韵律是通过体量大小的区分、空间虚实的交替，构件排列的疏密、长短的变化、曲柔刚直的穿插等变化来实现的。在软装设计中虽然可以采用不同的节奏和韵律，但同一个房间切忌使用两种以上的节奏，那会让人无所适从、心烦意乱（图2-9）。

## 四、空间协调性

软装布置应遵循多样与统一的原则，根据大小、色彩、位置使之与家具构成一个整体。家具要有统一的风格和格调，再通过饰品、摆件等细节的点缀，进一步提升居住环境的品位。调和是将对比双方进行缓冲与融合的一种有效手段。例如，通过暖色调的运用和柔和布艺的搭配，使空间达到协调（图2-10）。

图2-8：在软装设计时要注意色彩搭配的轻重结合，饰物的形状大小分配协调和整体布局的合理完善，绿植为中等大小，放在多格柜旁，视觉效果很活跃。

图2-8　色彩搭配和谐

图2-9 红色和黄色为重点

图2-9：该卫生间的重点为红色和黄色，红色的瓷砖和台上盆配以黄色的向日葵和浴缸，撞色巧妙。

图2-10 软装布置的协调性

图2-10：独特的暖色系的应用与小碎花的结合、装饰画的点缀提升了居住环境的品位。

# 任务三 一般设计流程

国外的软装设计工作基本是在硬装设计之前就介入，或者与硬装设计同时进行，但我国的操作流程基本还是硬装设计完成后，再由软装公司设计方案，甚至是在硬装施工完成后再由软装公司介入。

## 一、前期准备

### 1. 完成空间测量

上门观察空间，了解硬装基础，测量空间的尺寸，并给各个角落拍照，收集硬装节点，绘出环境空间基本平面图和立面图。

### 2. 与客户进行探讨

将空间动线、生活习惯、文化喜好、宗教禁忌等各个方面与客户进行沟通，了解客户的生活方式，捕捉客户深层的需求点，仔细观察并了解硬装现场的色彩关系及色调，控制软装设计方案的整体色彩（图2-11）。

图2-11 空间动线

图2-11：该浴室充分合理地利用了空间动线，楼梯下方的角落，刚好放下浴缸。

## — 补充要点 —

### 软装设计的误区

1. 过于喧宾夺主的装饰漆。装饰漆可以为空间添一抹亮色，但关键在于掌握在空间中的使用程度。使用过量则会以粗俗的效果结尾。

2. 单一的顶灯。顶灯在每个房间作用不同，客厅、卧室的顶灯是用于照明，采用LED灯即可，书房应采用带有调节器的灯具。

3. 不成比例的台灯。不要过度创新，简单的搭配也很出彩。

4. 抱枕过大、过艳。抱枕的大小应与沙发尺寸和形状相匹配。尺寸不要过大、颜色不要过艳，沙发上的抱枕除用作靠垫外，还有作为装饰品的用途，抱枕在沙发、客厅的存在要有和谐的视觉效果。

5. 孤立的光源。好的光源关键在于在不同高度所产生的光源层次。不要单单依靠一种光源，可以将各种的顶灯、地灯还有台灯混合搭配使用。

### 3. 软装设计方案初步构思

综合以上环节进行平面草图的初步布局，将拍照后的素材进行归纳分析，初步选择软装配饰。根据初步的软装设计方案的风格、色彩、质感和灯光等，选择合适的家具、灯具、饰品、花艺、挂画等（图2-12）。

### 4. 签订软装设计合同

与客户签订合同，尤其是定制家具部分，确定定制的价格和时间，确保厂家制作、发货时间和到货时间，以保证不会影响软装设计的时间。

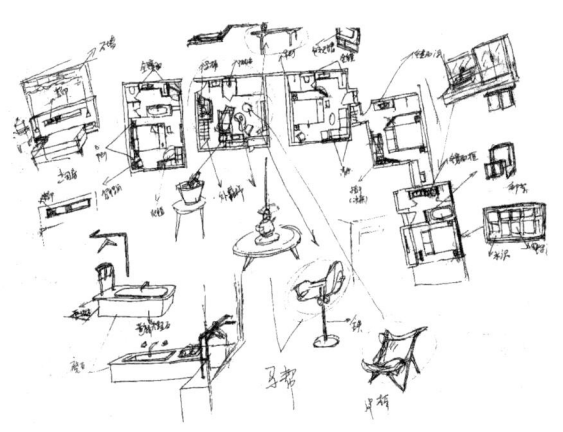
（a）家具草图设计

（b）室内陈设草图

图2-12 草图

图2-12（a）：家具设计草图中要分析家具在室内空间中的位置，从平面图中剥离出来，放大描绘，突出家具构造特征。

图2-12（b）：室内陈设草图大多在立面图基础上，对家具进行立体延伸，形成一点透视图基础，在其上再绘制陈设品。

## 二、中期配置

### 1. 二次空间测量

在软装设计方案初步成形后,软装设计师带着基本的构思框架到现场,对环境空间和软装设计方案初稿反复考量,感受现场的合理性,对细部进行纠正,并全面核实饰品尺寸(图2-13)。

### 2. 制订软装设计方案

在软装设计方案初步达到客户认可的基础上,通过对配饰的调整,明确在本方案中各项软装配饰的价格及组合效果,按照配饰设计流程进行方案制作,提出正式的软装整体配饰设计方案。

### 3. 讲解软装设计方案

为客户系统全面地介绍正式的软装设计方案,并在介绍过程中不断征求客户的意见,征求所有家庭成员的意见,以便下一步对方案进行归纳和修改。

### 4. 修改软装设计方案

对客户讲解完方案后,深入分析客户对方案的理解,让客户了解软装方案的设计意图。同时,软装设计师也应针对客户反馈的意见对方案进行调整。

### 5. 确定软装配饰

与客户签订采买合同之前,先与软装配饰厂商核定价格及存货,再与客户确定配饰。

### 6. 进场前产品复查

软装设计师要在家具未上漆之前亲自到工厂验货,对材质、工艺进行初步验收和把关。在家具即将出厂或送到现场时,设计师要再次对现场空间进行复尺。

### 7. 进场时安装摆放

配饰产品到场时,软装设计师应亲自参与摆放,对于软装整体配饰的组合摆放要充分考虑到各个元素之间的关系以及客户生活的习惯(图2-14)。

## 三、后期保障工作

软装配置完成后,应对软装整体配饰进行保洁、回访跟踪、保修勘察及送修。为客户提供一份详细的配饰产品手册。包括窗帘、布艺的分类、布料、选购、清洗等,摆件的保养、绿植的养护、家具的保养等。例如窗帘的保养见表2-1。

图2-13: 尺度适当的家具对维持整个家居环境的协调非常重要。装饰品的尺寸也需注意,太大了扰乱视线,太小了失去焦点,要合理选择。

图2-13 尺度适当的家具

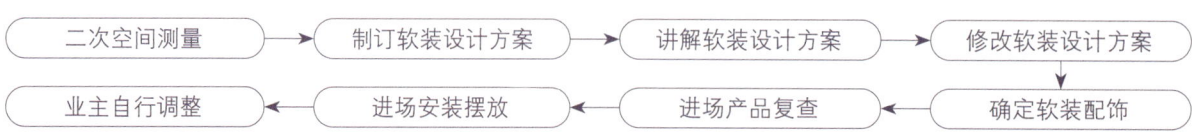

图2-14 中期配置流程图

图2-14: 陈设设计中期可根据流程图进行时间、计划安排,保证项目的正常进行。

表2-1　　　　　　　　　　　　　　窗帘的保养事项

| 序号 | 保养方法 |
| --- | --- |
| 1 | 用湿布抹去灰尘，清洗窗帘前要注意窗帘的材质。窗帘绑带和配饰如果是手工编织工艺品，用湿抹布或吹风机去掉表面的灰尘即可，不用水洗 |
| 2 | 为避免窗帘缩水，清洗时的水温控制在30摄氏度以下，忌用烈性洗涤剂 |
| 3 | 为避免混合染色，不同的面料要分开清洗 |
| 4 | 较薄的窗帘不宜使用洗衣机清洗，以免损坏 |
| 5 | 罗马帘需干洗，因为罗马帘对尺寸要求比较严谨，水洗可能会产生变形或缩水 |
| 6 | 遮光布最好用湿布抹擦，用洗衣机清洗会对遮光布后面的涂层有所损坏 |
| 7 | 竹帘、木帘要预防潮湿的液体和气体，清洁时切忌用水，一般用鸡毛扫或干布清洁即可 |
| 8 | 卷帘、百叶窗、垂直帘、百折帘和风琴帘可直接用湿布抹去灰尘 |

# 任务四　预算成本制订

软装预算的制定关系着整个软装的支出费用，一份合理的软装预算，能让我们在软装设计中游刃有余，最重要的是能够省钱。

## 一、价格定位

软装物品的品种繁多，同种类别的产品还有高、中、低档之分，材质、做工、设计决定了其价格，以房产项目为例，配置什么档次的软装物品取决于以下两个方面。

### 1. 甲方客群定位

甲方会从楼盘的位置、资源、项目本身来大概确定整个硬装和软装的费用：位置较好、售价高，销售目标针对高层次人群的，甲方一般要求软装公司配置一些材质高级、设计风格化的高档产品；而位置比较偏远，客户定位不是太高端的楼盘，这类设计主要侧重把握效果，材质要控制成本，把价格降到合理的水平（图2-15）。

图2-15　普通楼盘

图2-15：普通楼盘中的住宅，室内软装要控制成本，针对购房人群的需求，搭配相应的设计风格。此图中的家具造型简单，软装风格相对简约。

### 2. 项目用途定位

一般来讲，项目不同，软装的配置侧重点也不同，住宅类样板间比较注重生活的舒适性和享受性；而办公类项目主要要求陈列物大气、简洁，具有艺术性，材质无需太过讲究（图2-16）。

图2-16 办公楼

图2-16：办公楼软装设计需要考虑到公司文化方面，还要考虑到不同功能型空间的划分，以及员工的工作环境，要向员工展示公司的文化，还要把公司的实力展现给客户。

## 二、成本预算

软装公司的成本主要由以下几部分组成。

### 1. 产品的采购成本

软装物品的价格主要看品牌、材质、做工以及设计理念。同样一款产品，从外形上看可以非常接近，但因材质不同，价格会相差非常多，比如一个酒杯，普通玻璃材料价格为几十元，但如果采用水晶材料可能要几千元，如日本手工烧制的晕染玻璃杯，具有别样的水墨韵味，把艺术融入了生活，价格在80元以上；奥地利水晶酒杯，杯杆中间彩色部分为彩色水晶，外面包裹透明水晶，价格在1300元以上。

### 2. 产品的研发成本

好的软装公司都有研发中心，为了把效果做到更好，家具、布艺、画品等软装物品，都尽可能地自己去设计研发，虽然从人员到研发是一笔不小的开支，但是自身拥有这些知识产权，就是后期业绩增长的法宝，同时随着业务增长，成本单价也会逐步降低（图2-17）。

### 3. 产品的附加成本

在核算产品本身的基础成本后，一定不能忽略其中的附加成本，比如税金、保证费、运费、安装费等，实木家具一般会收安装费用。大品牌会直接

（a）隐形床打开

（b）隐形床收起

图2-17 隐形床

图2-17（a）：隐形床最初的发明者是19世纪初的威廉·墨菲，它一诞生就风靡了欧洲世界，因为它不仅给人们带来了更便捷的居家生活方式，也为美化空间节约空间提供了更多可能。

图2-17（b）：隐形床收起时变为普通的衣柜样式，放下时可作为床使用。现代大部分的隐形床需要独家定制，价格相对较高，5000~6000元。

将购买的产品送货上门，并且负责后续的安装。如果是餐厅中的家具进行安装的话，一套下来的安装费用约为200元。客厅当中的家具比较多，一套下来的安装费用约为300元。

### 4. 公司管理及运营成本

软装公司的成本中当然应该包含公司运营所产生的各种费用，需要每个公司根据自身的经验来确定比例。

## 三、报价模板

一份全面的报价清单可以让客户应用的产品一目了然，同时也便于明确双方的责任。一份报价单包括封面、预算说明、汇总表、分项报价单等页面，预算完成后，合同书的编制就水到渠成了，当然在真正的项目开始实施后，变更联系单、验收单等也会成为完整合约的组成部分。

### 1. 核价单

核价单是指设计师根据软装方案细化的产品列表清单，这个表格要详细注明项目位置、序号、所报产品名称、图片、规格、数量、单价、总价、材质以及必要的备注，任何一个细节的缺失都有可能造成报价的不准确，而且会为此后各项步骤留下非常多的隐患。原则是根据不同的供应商制作针对性的核价单，制作好以后就可以发给相应的合作商确定产品的底价（表2-2）。

表2-2　　材料核价单

| 项目名称 | | | | 核价单编号 | | | | 日期 | 年　月　日 |
|---|---|---|---|---|---|---|---|---|---|
| 序号 | 材料名称 | 规格及型号 | 生产厂家 | 单位 | 数量 | 申报单价 | 核定单价 | 使用部位 | 备注 |
|  |  |  |  |  |  |  |  |  |  |
| 说明 | 以上材料所提供之数量为初步统计数量，与实际数量可能会有出入，仅作为参考。 | | | | | | | | |

### 2. 分项报价单

经过分项核价后，基本上可以把各项目的成本价格核算清楚，剩下要做的是制作利润合理的分项报价单，分项报价单基本上是在核算单的基础上进行的。在编制单项报价清单的时候，要注意根据产品实际情况进行材质、颜色、尺寸、备注等项目的调整（表2-3）。

表2-3　　装饰画的预算与选购

| 类别 | 特征 | 预算估价/（元/幅） |
|---|---|---|
| 印刷品装饰画 | 装饰画市场的主打产品，是由出版商从画家的作品中选出优秀的作品，限量出版的画作 | 160～220 |
| 实物装裱装饰画 | 新兴的装饰画画种，它以实物作为装裱内容 | 350～430 |
| 手绘装饰画 | 艺术价值很高，价格昂贵，具有收藏价值 | 550～670 |
| 油画装饰画 | 具有贵族气息的美术作品，属于纯手工制作，可根据需要临摹或创作 | 420～500 |
| 木制画 | 以木头为原料，经过一定的程序胶粘而成 | 220～270 |
| 摄影画 | 主要为国内外的翻拍作品，具有观赏性和时代感 | 160～200 |

续表

| 类别 | 特征 | 预算估价/（元/幅） |
|---|---|---|
| 丝绸画 | 比较抽象，有新奇的效果，别具一格 | 380~460 |
| 编织画 | 采用毛线、细麻线等原料，编织成色彩比较明亮的图案 | 250~300 |
| 烙画 | 木板经高温烙制而成，色彩稍深于原木色 | 650~1000 |
| 动感画 | 装饰画新贵，图案优美，色彩清亮，充满动感的效果 | 130~190 |

## 3. 项目汇总表

在各分项报价完成后就要制作各分项组成的报价汇总表，在这个报价汇总表中，可以很清楚地看到每个分项的价格，这样使得设计师和业主都能对项目的着重点有非常清晰的认知。同时在这个表格中必须明确各个注意事项和责任（表2-4）。

表2-4　　　　　　　　　　　　　　软装部分预算清单表

| 品类 | 区域 | 产品 | 材质或规格/mm | 数量 | 单价/元 | 总价/元 | 是否已购买 |
|---|---|---|---|---|---|---|---|
| 家具 | 卧室 | 床·次卧 | 1500 | 1 | 599.00 | 599.00 | 是 |
| | | 床·主卧 | 1800 | 1 | 4000.00 | 4000.00 | 是 |
| | | 床垫 | 1500、1800 | 3 | 2000.00 | 6000.00 | 否 |
| | | 床头柜 | 主人房 | 1 | 300.00 | 350.00 | 是 |
| | | 椅子·书桌前 | 木 | 1 | 150.00 | 150.00 | 否 |
| | | 梳妆台 | 木 | 1 | 500.00 | 550.00 | 否 |
| | 客厅 | 沙发 | 布 | 1 | 5000.00 | 5000.00 | 是 |
| | | 灯 | 水晶玻璃 | 1 | 300.00 | 300.00 | 是 |
| | | 茶几 | 1210×650×380 | 1 | 1000.00 | 1000.00 | 否 |
| | | 地毯、茶几位置（大） | 1600×2300羊毛 | 1 | 154.80 | 154.80 | 否 |
| | | 电视柜 | 2000 | 1 | 1500.00 | 2000.00 | 否 |
| | | 绿色植物 | 吊兰、芦荟、绿萝等 | 5 | 30.00 | 150.00 | 否 |
| | 餐厅 | 餐桌 | 木 | 1 | 2708.00 | 2708.00 | 是 |
| | | 灯 | 水晶玻璃 | 1 | 195.50 | 195.50 | 是 |
| | | 茶具 | 6个杯子、1个壶 | 1 | 150.00 | 150.00 | 否 |
| | | 餐具+骨碟 | 10个碗、6个盘 | 1 | — | 122.76 | 否 |
| | | 筷子、勺子 | 10双筷子、5个勺子 | 1 | — | 80.00 | 否 |
| | 阳台 | 花架 | 木 | 1 | 80.00 | 80.00 | 否 |
| | | 升降衣架 | 不锈钢 | 1 | 182.00 | 182.00 | 是 |
| | 厨房 | 橱柜 | 1836×400×870 | 1 | 1899.00 | 1899.00 | 是 |
| | 卫生间 | 盥洗盆 | 陶瓷 | 1 | 198.00 | 198.00 | 是 |
| | | 马桶 | 陶瓷 | 1 | 488.00 | 488.00 | 是 |
| | | 浴缸 | 陶瓷 | 1 | 2158.00 | 2158.00 | 否 |

# 任务五　北欧厨房设计项目案例

软装，既是装饰，也是整个厨房的灵魂元素。搭配美学，能赋予厨房更多的感染力与活力。好的软装以循序渐进的设计方式，使最终成果饱满又富有层次感（图2-18~图2-22）。

在生活功能上，吊柜与地柜的组合设计，可将厨房的各种锅碗瓢盆收纳其中，让整个厨房宽敞、明亮，并井井有条。

花艺绿植、便签手抄，恰巧与橱柜形成一个整体，营造出自然和谐、极具生命力的温馨之感。

图2-18　厨房

图2-19　木质收纳壁挂

图2-18：视觉中心在空间中占有举足轻重的地位。这一款以雪域白为主色调的橱柜占据了视觉中心位置，因此选择了一款与整体风格相呼应的瓷砖。

图2-19：软装布置应遵循多样和统一的原则，运用多种陈设材质、样式对厨房空间进行装饰和美化。

图2-20：筒灯最大特点就是能保持建筑装饰的整体统一与完美，不会因为灯具的设置而破坏吊顶的完美统一，可增加空间的柔和气氛。

图2-20　嵌入式筒灯

图2-21：在厨房放置一把舒适的凳子，可以很好地缓解烹饪时的疲惫，让长时间站立的双脚得到充分的放松。

图2-21　凳子

黄铜材质的水龙头具有优秀的防锈功能。

厨房搭配清新的绿植能吸收厨房的油烟。

独特的北欧绿，淡雅的色调增添了橱柜的质感。

原木色的抽屉可以放置许多心爱的食品，分类摆放更加方便。

图2-22：柜体使用两种材质进行搭配，增添厨房的设计感，并凸显视觉的层次感。

图2-22 北欧色系

### 项目小结

　　我国的软装设计操作流程基本都是在硬装设计完成后，再由软装公司出设计方案，甚至是在硬装施工完成后再由软装公司介入，因此，软装设计需要对室内空间的装修结果起到画龙点睛的作用。软装设计师不仅要有很强的专业技术素养，还要具备很强的艺术修养，如对色彩、空间、人体工程学，各国各民族的文化习俗、装饰风格、生活方式等有所研究，并对陈设物的材质工艺、市场价格、品牌特点，以及尺寸与空间的比例等都有所了解，还要有很好的沟通能力，能耐心细致地引导客户，为客户创造美好的生活空间。

### 课后练习

1. 设计师应具备哪些基本能力与素质？
2. 软装与陈设设计师与其他相关行业的设计师相比有哪些异同？举一例说明。
3. 你认为软装与陈设设计师需要哪些能力？
4. 简述软装设计的大致流程。
5. 软装设计要坚持哪些原则？
6. 选择一个空间进行软装与陈设设计。作业数量：1份。设计图纸包含：平面布置图以及效果图4张，打印A3版面。建议完成课时：5课时。
7. 2019年《新时代公民道德建设实施纲要》提出，作为设计师的我们，在设计以及施工阶段都需要遵守职业道德规范，请分析陈设设计师的职业道德体现在哪几个方面。

# 项目三 软装设计风格分类

**学习目标**：了解世界东西方国家建筑风格、人文、装饰、陈设特点，掌握软装设计搭配与设计布置的关系

**重点概念**：新中式风格、田园风格、简约风格、欧式风格

## 项目导读

根据各地的建筑风格和地域人文特点，软装风格按照室内设计风格大类可以分为：欧式风格、地中海风格、英式风格、西班牙风格、美式风格、田园风格、新古典风格、中式风格、日式风格、东南亚风格、现代风格等。软装设计师根据各种风格的特点和元素进行相关的软装设计。在本项目中，通过对其中的部分风格进行详细介绍，展现软装风格对整个设计的重要性（图3-1）。

图3-1：软装的风格应在硬装风格讨论时一并解决，如果空间的风格是中式风格，软装的陈设布置、搭配风格自然也得是中式风格，所以软硬装的风格一致是最基本的规则。现在很多商家的装修装饰，其软硬装衔接服务采用"一站式"整装解决的方式。

图3-1 中式风格

## 任务一 新中式风格

新中式风格是将中国古典建筑元素融入现代人的生活环境的一种装饰风格，让传统元素更凸显简练、大气、时尚的特点，让现代装饰更具有中国文化韵味。

图3-2 新中式风格

图3-3 陶瓷材质台灯

图3-2：深蓝色碎花桌布是该设计的点睛之笔，怀旧的情感随之被调动，整体的搭配色调较为朴素，白色与原木色烘托出淡雅的气氛。传统中式宫灯、砖墙、竹帘等都是新中式风格的典型要素。

图3-3：这是一款陶瓷材质的台灯，山水图案散发出艺术的气息，精致细腻的陶瓷灯体，在光线的照射下光泽感强烈。

## 一、新中式风格设计手法

设计采用现代手法诠释中式风格，形式比较活泼，用色大胆，结构也不讲究中式风格的对称，家具可以用除红木以外的更多的选择来混搭，字画也可以选择抽象的装饰画。在软装配饰上，如果能以一种东方人的"留白"美学观念控制节奏，则更能显出大家风范（图3-2）。

## 二、新中式风格常用元素

### 1. 新中式风格家具

新中式风格的家具可为古典家具，或现代家具与古典家具相结合。中国古典家具以明清家具为代表，在新中式风格家居中多以线条简练的明式家具为主，有时也会加入家具元素的装饰（图3-3）。

### 2. 新中式风格抱枕

如果空间的中式元素比较多，抱枕一般选择简单、纯色的款式，通过正确把握色彩的选择与搭配，

图3-4 花鸟刺绣抱枕

图3-4：此款抱枕采用大面积的纯色，属于中式复古色调，丝绸总是带着特有的东方韵味，搭配花鸟刺绣相得益彰。

突出中式韵味；当中式元素比较少时，可以赋予抱枕更多的中式元素，如花鸟、窗格图案等（图3-4）。

### 3. 新中式风格窗帘

新中式的窗帘多为对称的设计，帘头比较简单，可运用一些拼接方法和特殊剪裁。可以选一些仿丝材质，拥有真丝的质感、光泽和垂坠感，金

色、银色的运用,也可为整体增添时尚感,如运用金色和红色作为陪衬,可表现出华贵而大气的感觉(图3-5)。

**4. 新中式风格屏风**

新中式风格常常会用到屏风的元素,起到空间隔断的功能,一般用在面积较大的空间之间,或沙发、椅子旁(图3-6)。

**5. 新中式风格饰品**

除了传统的中式饰品,搭配现代风格的饰品或者富有其他民族韵味的饰品也会为新中式空间增加文化的对比。如以鸟笼、根雕等为主题的饰品,会给新中式环境融入大自然的想象,营造出休闲、雅致的古典韵味。

**6. 新中式风格花艺**

新中式风格的花艺设计以"尊重自然、利用自然、融合自然"的自然观为基础,植物选择枝杆修长、叶片飘逸、花小色淡的种类,如松、竹、梅、菊、柳、牡丹、茶花、桂花、芭蕉、迎春、菖蒲、水葱、鸢尾等,创造富有中国文化意境的花艺环境(图3-7)。

图3-5:此款窗帘采用粗麻材质,具有浓厚的禅意,适合多种类型的窗户,遮光的同时还能欣赏美景,有一种朦胧美。

图3-6:此款屏风为白蜡木材质,图案为手绘花鸟,画芯采用乔其纱,具有半透明的效果。

图3-5 中式花纹元素窗帘

图3-6 花鸟屏风

(a)雅致花瓶　　　　　　　　(b)层次感花型　　　　　　　　(c)红灯笼与粉桃花

图3-7 花艺

图3-7(a):中式花艺是东方花艺美学的鼻祖。美人在骨不在皮,这是东方美学推崇的审美观念。中国人对"禅"颇为痴迷,常常以瓶、盘、碗、缸、筒等作为花器,背景皆雅致十足。

图3-7(b):中式花艺的色彩,主调多为中性灰色,优雅温馨、自然脱俗,与中式环境氛围极为契合,一般以三个主枝条为骨架,然后再在各个主枝的周围插辅助枝条来填补空间,最后的花型要丰满、有层次感。

图3-7(c):传统中式花艺受儒、道、佛思想的影响,认为万物皆有灵性,因而常根据其习性,为无语的花草赋予人的感情和生命力,借用草木抒发人的意志、心情。花叶触及之处,满是遐想与回味。

- 补充要点 -

**新中式风格与中式风格的区别**

中式风格，造型讲究对称，缺乏现代气息，重在强调壮丽华贵。新中式风格，讲究传统元素和现代元素的结合，比较在意的是清雅含蓄。新中式风格是传统中式风格的现代设计演绎，通过提取传统元素和符号进行合理的搭配、布局，让整体设计既有中式传统韵味又符合现代人的生活特点，让古典与现代完美结合，传统与时尚并存。

# 任务二　地中海风格

地中海风格是9～11世纪起源于地中海沿岸的一种设计风格，它是海洋风格装修的典型代表，因富有浓郁的地中海人文风情和地域特征而得名，具有自由奔放、色彩多样明媚的特点。

## 一、地中海风格设计手法

地中海风格通常将海洋元素应用到家居设计中，色彩选择代表地中海风情的蔚蓝和纯白色。家具尽量采用低彩度、线条简单且边角浑圆的木质家具，沙发及抱枕的布料采用蓝白相间的图案，与整个居室的氛围相得益彰（图3-8）。

拱门与半拱门窗，白灰泥墙是地中海风格的主要特色，常采用半穿凿或全穿凿来增强实用性和美观性，给人一种延伸的透视感。在材质上，一般选用自然的原木、天然的石材等。家具大多选择一些做旧风格的，搭配自然饰品，给人一种风吹日晒的感觉（图3-9）。

图3-8：地中海风格包括了希腊地中海风格、西班牙地中海风格、南意大利地中海风格、法国地中海风格、北非地中海风格。欧洲区域喜欢用白色、蓝色、紫色、黄色、绿色，非洲区域喜用黄色、红色和黑色，多从当地自然环境中提取。

图3-8　地中海风格

图3-9：沿袭古罗马技术和拜占庭传统，拱券在地中海建筑中随处可见。拱形门只适合于层高较高的户型。小户型可以适当运用一些拱形的装饰，比如拱形的装饰墙面，卫生间拱形镜子等。

马赛克镶嵌、拼贴在地中海风格中算较为华丽的装饰，一般用马赛克、小石子、瓷砖、贝类等素材创意组合。在卫生间砌墙镶嵌马赛克变成了地中海风格的首选。

图3-9 拱券

## 二、地中海风格常用元素

### 1. 地中海风格家具

家具最好是选择线条简单、圆润的造型，并且有一些弧度，材质上最好选择实木或藤类（图3-10）。

### 2. 地中海风格灯具

地中海风格灯具常见的特征之一是灯具的灯臂或者中柱部分常常会进行擦漆做旧处理，这种处理方式除了让灯具流露出类似欧式灯具的质感，还可展现出类似在地中海的碧海晴天之下被海风吹蚀的自然印迹。地中海风格灯具通常会配有白陶装饰部件或手工铁艺装饰部件，透露着一种田园气息（图3-11）。

图3-10 地中海风格家具

图3-10：实木家具与白漆的组合带来清爽的感觉，只需少许的绿植点缀便可。

（a）蓝白结合的吊灯

（b）美人鱼造型吊灯

图3-11 地中海风格灯具

图3-11（a）：此款吊灯采用了铁艺元素与马赛克镶嵌结合的方法，颜色仍是蓝白结合，灯光下非常绚丽。

图3-11（b）：此款壁灯设计成了美人鱼造型，在温暖的灯光下，美人鱼举着灯仿佛在为路人指明方向。

## 3. 地中海风格布艺

窗帘、沙发布、餐布、床品等软装布艺一般以天然棉麻织物为首选，由于地中海风格也具有田园的气息，所以使用的布艺面料上经常带有低彩度色调的小碎花、条纹或格子图案（图3-12）。

## 4. 地中海风格绿植

绿色的盆栽是地中海风格不可或缺的一大元素，一些小巧可爱的盆栽让空间显得绿意盎然，就像在户外一般（表3-1）。

图3-12（a）：此款窗帘采用格纹图案设计，搭配精致的剪裁工艺，形成了弧线的半帘之美，缔造层次感的同时，也显得非常温柔。格纹作为经典的符号，低调、亲切又颇有家居感。

图3-12（b）：土黄和红褐是北非特有的沙漠、岩石、泥、沙等天然景观的颜色，给人一种大地般的浩瀚感觉。地中海风格沙发的线条是有一定弧度的，显得比较自然，形成一种独特的浑圆造型。

（a）格纹图案设计　　（b）土黄色和红褐色结合

图3-12　地中海风格布艺

表3-1　适合地中海风格的绿植花卉

| 雏菊 | 绿萝 | 吊兰 | 散尾葵 |
|---|---|---|---|
| 鱼尾葵 | 满天星 | 洒金榕 | 巴西木 |

续表

| 观音棕竹 | 小白果 | 含羞草 | 露珠玫瑰 |
|---|---|---|---|
|  | | | |

---

**补充要点**

### 大地色系的地中海风格

石头、木头、水泥和粗糙墙面的"触觉感",这种充满肌理感的大地色系统,和古希腊的住宅传统有一定关系。沿海地区的希腊民居最早就喜欢用灰泥涂抹墙面,然后开大窗,让地中海海风在室内流动,灰泥涂抹墙面带来的肌理感和自然风格,一直沿袭到了现在。"亮蓝+纯白"的地中海风格,有些夸大的成分,使用更温柔与质朴的大地色系,才是最自然最真实的地中海风格。预算宽裕的可以把墙面刷出肌理感,地面甚至可以使用水泥自流平,天花板的梁如果保留的话也千万别刷成蓝色,保留原来的木头外观就非常好。

---

### 5. 地中海风格饰品

地中海风格适合选择与海洋主题有关的各种饰品,如帆船模型、救生圈、水手结、贝壳工艺品、木雕上漆的海鸟和鱼类等,也包括独特的锻打铁艺工艺品、各种蜡架、钟表、相架和墙上挂件等(图3-13)。

(a)船锚、船舵　　　(b)竖向棱廓花瓶　　　(c)点状造型花瓶

图3-13 地中海风格饰品

图3-13(a):此类地中海系列手工摆件全为树脂材质,包含船锚、船舵和小船,色泽自然饱满,斑驳的油漆赋予产品复古风情,让人忍不住抚摸,价格在20~80元。

图3-13(b):带有竖向棱廓的花瓶设计元素来源于古希腊神庙的立柱造型,是地中海风格的代表。

图3-13(c):花瓶上的点状造型来源于古希腊建筑围墙上的石块累积形体。

# 任务三 东南亚风格

东南亚风格的特点是色泽鲜艳、崇尚手工,自然温馨中不失热情华丽,通过细节和软装来演绎原始自然的热带风情。

## 一、东南亚风格设计手法

相比其他设计风格,东南亚风格在发展中不断融合和吸收不同东南亚国家的特色,极具热带民族原始岛屿风情(图3-14)。

## 二、东南亚风格常用元素

### 1. 东南亚风格家具

泰国家具大都体积庞大,典雅古朴,极具异域风情。柚木制成的木雕家具是东南亚装饰风情中最为抢眼的部分。此外,东南亚装修风格具有浓郁的

图3-14 东南亚风格

图3-14:东南亚风格有很多佛教的元素,像佛像、烛台、佛手这样的工艺品很容易见到。所以想要打造地道的东南亚风格特色的居室,这些装饰品必不可少,它会让你的家多一丝禅意。

---

**- 补充要点 -**

**东南亚风格家饰搭配**

东南亚风格家饰特有的棕色、咖啡色以及实木、藤条的材质,通常会给视觉带来厚重感,而现代生活需要清新的质朴来调和。

1. 统一中性色系。东南亚风格家具最常使用的实木、棉麻以及藤条等材质,将各种家具包括饰品的颜色控制在棕色或咖啡色系范围内,用白色全面调和,是最安全又省心的聪明做法。

2. 轻型天然材质。东南亚风格的家居物品多用实木、竹、藤、麻等材料打造,这些材质会使居室显得自然古朴,仿佛沐浴着阳光雨露般。家是放松身心的所在,选择东南亚家具时,应注意避免天然材质自身的厚重可能带来的压迫感,而流行趋势也指引着我们向轻快的原始氛围靠拢。

3. 家具饰品色彩。除非人为刷漆改变颜色,讲求绿色环保的东南亚式家具多数只是涂一层清漆作为保护,因此保留原始本色的家具难免颜色较深。这时更需注意家具的样式,明朗、大气的设计无疑是避免压抑气氛的最佳选择。与之相呼应的饰品,也应该尽量选择简单的外观,保持中性色。

雨林自然风情，增加藤椅、竹椅一类的家具再合适不过了（图3-15）。

#### 2. 东南亚风格灯具

东南亚风格的灯具大多就地取材，贝壳、椰壳、藤、枯树干等都是灯具的制作材料。东南亚风格的灯具造型具有明显的地域民族特征，如铜制的莲蓬灯、手工敲制的具有粗糙肌理的铜片吊灯、一些大象等动物造型的台灯等。

#### 3. 东南亚风格窗帘

东南亚风格的窗帘一般以自然色调为主，饱和度较高的酒红、墨绿等最为常见。设计造型多反映民族的信仰，棉麻等自然材质为主的窗帘款式往往显得粗犷自然，还拥有舒适的手感和良好的透气性（图3-16）。

#### 4. 东南亚风格抱枕

泰丝质地轻柔，色彩绚丽，富有特别的光泽，图案设计也富于变化，极具东方特色。用上好的泰丝制成抱枕，无论是置于椅上还是榻头，都彰显着高品位的格调（图3-17）。

图3-15 木雕家具

图3-15：南亚家具大多就地取材，印度尼西亚的藤以及泰国的木皮等纯天然的材质，让人在视觉上感受到大自然的质朴。

图3-16 纱质窗帘

图3-16：纱质的窗帘很好看，能够让人产生愉悦感，帘头的设计给人一点小惊喜。

（a）绸缎材质抱枕

（b）菩提系列抱枕

（c）棉麻面料抱枕

图3-17 东南亚风格抱枕

图3-17（a）：几何图案与绸缎材质的结合，具有极简风格，墨绿色与紫色的组合，富有禅意。

图3-17（b）：菩提系列抱枕，仿麂皮绒面料，温润舒适。提花花边与橙色的结合，热烈真诚。

图3-17（c）：棉麻面料，咖啡色加上烫金红，浓烈的色彩、独特的纹理带有波西米亚异域风情。

## 5. 东南亚风格饰品

东南亚风格饰品的形状和图案多和宗教、神话相关。芭蕉叶、大象、菩提树、佛手等是饰品的主要图案。此外，东南亚国家信奉神佛，所以在饰品里面也能体现这一点，一般在东南亚风格环境空间里面多少会看到一些造型奇特的神、佛等金属或木雕饰品（图3-18）。

图3-18 东南亚风格饰品

图3-18：东南亚风格的金箔画，大多与佛教内容有关，深色系列的装饰画给人古朴深远的感觉。

# 任务四 欧式风格

欧式风格的特点是端庄典雅、华丽高贵、金碧辉煌，体现了欧洲各国传统文化内涵。欧式风格按不同的地域文化可分为北欧、简欧和传统欧式。装修材料常用大理石、多彩的织物、精美的地毯等，整个风格豪华、富丽，具有强烈的视觉效果。

## 一、欧式风格设计手法

欧式风格给人以豪华、大气、奢侈的感觉，主要的特点是采用罗马柱、壁炉、拱形或尖的拱顶、顶部灯盘或者壁画等欧洲传统元素。欧式风格多用在别墅、会所和酒店项目中。这类项目一般通过欧式风格来体现一种高贵、奢华、大气等的感觉（图3-19）。

## 二、欧式风格常用元素

欧式风格中的绘画多以基督教内容为主。欧式风格的顶部灯盘造型常用藻井、拱顶、尖肋拱顶和穹顶。与中式风格的藻井不同的是，欧式的藻井吊顶有更丰富的阴角线（图3-20）。

（a）欧式古典风格

（b）欧式简约风格

图3-19 欧式风格

图3-19（a）：欧式古典风格最大的特点就是有着传统欧式风格的古典与华丽，一般卧室色彩比较庄重，整体装饰也比较华丽，细节十分考究。

图3-19（b）：欧式简约风格，相对来说色彩的明快感更加强烈，如白色家具的使用，同时特别注重家具细节的呈现。

图3-20 顶部灯盘造型

图3-21 黄色系墙纸

图3-20：藻井式吊顶的前提是，房间必须达到一定的高度，要高于3m，且房间较大。它的做法是在房间的四周进行局部吊顶，可设计成一层或两层。此处的穹顶显得房间更加高阔，气势恢宏。

图3-21：欧式墙纸经常以白色系或黄色系为基础，搭配墨绿色、深棕色、金色等，表现出欧式风格的华贵气质。此处黄色系的花纹墙纸打造了温馨的卧室空间。此款墙纸表面增加了立体花纹，纹理清晰，色泽柔和，显得非常有质感。规格为0.53m×9.5m的每卷价格在40～60元。

### 1. 欧式风格墙纸

考虑到经济性和造价因素，丰富的墙面装饰线条或护墙板在现代的室内设计中，常用墙纸代替，带有复古纹样色彩的墙纸是欧式风格中不可或缺的材料（图3-21）。

### 2. 欧式风格家具

地面一般采用波打线及拼花进行丰富或美化，也常用实木地板拼花方式，一般都采用小几何尺寸块料进行拼接。木材常用胡桃木、樱桃木、橡木以及榉木等，石材常用的有爵士白、深啡网、浅啡网、西班牙米黄等。

### 3. 欧式风格沙发

欧式沙发的特点是线条结构流畅，工艺精巧细致，整体看起来尊贵又不失浪漫，而且很有情调。欧式沙发需要搭配具有同样特色的装饰，才能提升特有的文化内涵和历史底蕴。欧式沙发搭配首先要和装饰环境相匹配，其次需要考虑到周围家具的颜色，这样才能保证欧式沙发与家居环境的整体风格一致（图3-22）。

图3-22 古典韵味浓厚的欧式沙发

图3-22：古典韵味浓厚的欧式沙发搭配原木色调，看起来质朴又带点复古意味。另外还可以选择搭配一款古典地毯，更显欧式风尚。如果客厅色调较暗，那沙发就应该用明亮的颜色来补充，这样就可以打破空间视觉效果上的沉闷感。

- 补充要点 -

### 入户厅吊顶

入户厅吊顶一般有平板吊顶、异型吊顶、局部吊顶、格栅式吊顶、藻井式吊顶五大类型。顶面做简单的平面造型处理，采用现代的灯饰灯具，配以精致的角线，也能营造一种轻松自然的怡人风格。不过很多房子因为采光或特殊需要，不但需要吊顶，而且需要对顶面进行特别设计处理。一个构思巧妙、适合房子特点的吊顶不但可以弥补房间的缺点，还可以给居室增加个性色彩。

# 任务五　日式风格

日式风格又称和式风格，这种风格适用于面积较小的空间，其装饰简洁、淡雅。一个略高于地面的榻榻米平台，配上日式矮桌，草席地毯，布艺或皮艺的轻质坐垫、纸糊的日式移门、日式玩偶及布帘等，都是这种风格重要的组成元素。

让人静静地思考，禅意无穷。在材质运用方面，传统的日式风格将自然界的材质大量运用于装修、装饰，不推崇豪华奢侈、金碧辉煌，以淡雅节制、深邃禅意为主，重视实际功能（图3-24）。

## 一、日式风格设计手法

日式风格中没有很多的装饰物去装点细节，所以整个空间显得格外干净利索。它一般采用清晰的线条，使居室的布置给人以优雅、简洁的感觉，并有较强的几何立体感。日式风格特别能与大自然融为一体，借用外在自然景色，为设计带来无限生机（图3-23）。

## 二、日式风格常用元素

### 1. 日式风格材质

在空间布局上，讲究空间的流动与分隔，流动则为一室，分隔则可分为几个功能空间，空间总能

图3-23　日式风格

图3-23：客厅选用了一款舒适的沙发，颜色为浅灰色，与木质搭配得非常巧妙。沙发背后的墙面用了一款比较特别的挂饰来修饰整个空间，尽显自然风趣。

图3-24 禅意空间

图3-25 简洁淡雅的家具风格

图3-24：松木裸露原木纹的框架结构，配有宣纸感的绿色横条与竖条框架吊顶，与家具地板相呼应，增强了整体风格的协调统一。整体空间给人一种与自然相融合的静谧感，打造清新自然、充满禅意的生活。

图3-25：墙面用木板在边角处遮盖了缝隙，根据房屋的走向，而灵活运用，显得规整平和。日式风格所用的实木木材一般为浅色，桌面颜色淡雅。

### 2. 日式风格家具

传统的日式家具以清新自然、简洁淡雅为特色，形成了别具一格的家具风格。所选用材料也特别注重自然质感，营造闲适写意、悠然自得的生活境界（图3-25）。

在日本的住所中，客厅、餐厅等对外部分是使用沙发、椅子等现代家具的洋室，卧室等对内部分则是使用榻榻米、灰砂墙、杉板、糊纸格子拉门等传统家具的和室。榻榻米是日式家装中必不可少的。传统的日式建筑中，甚至把整个客厅都打造成榻榻米，休息、待客都非常实用且方便。

## 任务六　田园风格

田园风格最初出现于20世纪中期，泛指在欧洲农业社会时期已经存在数百年历史的乡村家居风格，以及美洲殖民时期各种乡村农舍风格。

### 一、田园风格设计手法

田园风格并不专指某一特定时期或者区域。它可以模仿乡村生活朴实而又真诚的环境，模仿乡间别墅的世外桃源气氛（图3-26）。

图3-26：铁艺花架、壁灯、楼梯搭配木质台阶，姜黄色的墙壁，颜色淡雅的躺椅，墙角的植物与墙面摇曳的花朵，构成了一幅闲适的田园风画面。花艺的搭配要灵活运用，不可过多过于浓重，也不可过少过于寡淡。仿古砖是田园风格地面材料的首选，自然的质感让人觉得朴实无华，整体空间打造出一种淡淡的清新之感。

图3-26 田园风格

## 二、田园风格常用元素

### 1. 田园风格家具

田园风格在布艺沙发图案的选择上可以选用小碎花、小方格等一类图案，色彩粉嫩、清新，以体现大自然的舒适宁静；再搭配质感天然、坚韧的藤质桌椅、储物柜等简单实用的家具，让田园气息扑面而来（图3-27）。

### 2. 田园风格桌布

亚麻材质的布艺是体现田园风格的重要元素，在台面或桌子上面铺上亚麻材质的精致桌布，上面再摆上小盆栽，立即展现浓郁的田园风情（图3-28）。

图3-27 田园风格家具

图3-27：布艺小碎花沙发以浅绿色为背景，搭配同样形式的小抱枕，非常可爱清新。

（a）棉麻材质桌布

（b）小碎花桌布

（c）粉红色格子桌布

图3-28 田园风格桌布

图3-28（a）：桌布为棉麻材质，颜色黑白相间，流苏垂坠感强，采用经典格子图案搭配，简约素雅。

图3-28（b）：米色作为桌布背景色，褐色小碎花点缀其间，非常活泼，蕾丝边的搭配增添了质感。

图3-28（c）：粉红色格子桌布，加上玫红色荷叶边，非常具有少女气息，仿佛回到了纯真的年代。

## 3. 田园风格窗帘

各种风格无论美式田园、英式田园、韩式田园、法式田园、中式田园均拥有共同的窗帘特点，即由自然色和图案合成窗帘的主体，而款式以简约为主（图3-29）。

## 4. 田园风格床品

田园风格床品同窗帘一样，都由自然色和自然元素图案的布料制作而成，款式以简约为主，尽量不要有过多的装饰（图3-30）。

## 5. 田园风格花艺

较男性风格的植物不太适合田园风情，一般选择满天星、薰衣草、玫瑰等有芬芳香味的植物装点空间。同时可将一些干燥的花瓣和香料穿插在透明玻璃瓶甚至古朴的陶罐里（图3-31）。

（a）英式田园风格窗帘

（b）美式田园风格窗帘

（c）韩式田园风格窗帘

图3-29　田园风格窗帘

图3-29（a）：室内与室外景色之间形成一道风景线，既有窗帘的作用，又极具美感。

图3-29（b）：碎花是美式田园风格的主要特征，与木质的家具相呼应。

图3-29（c）：韩式风格的窗帘透露出小清新的气质。

图3-30　田园风格床品

图3-30：田园风格床品，采用贡缎制造工艺，海岛棉材质，柔软舒适。

蓝白相间的颜色搭配，非常清爽，显得干净整洁。表面采用刺绣工艺，花纹大方优雅，凸显床品的质感。

（a）单只松虫果

（b）红白色玫瑰

图3-31　田园风格花艺

图3-31（a）：单只松虫果斜倚在棕色玻璃瓶里，花朵颜色淡雅，可搭配木制家具，有些中式田园的味道。

图3-31（b）：红色的玫瑰与白色的玫瑰给予了热烈的视觉效果，搭配铁艺壁挂，具有美式乡村风味。

（a）粉色餐具　　　（b）简约朴素色彩餐具　　图3-32　田园风格餐具

图3-32（a）：这款田园风格的餐具具有简洁淡雅的特色，各类的盘子没有过多的修饰。

图3-32（b）：这款餐具组合套装简约朴素，没有过多复杂的设计，能给人淡淡的小温馨的感觉。

#### 6. 田园风格餐具

田园风格的餐具与布艺类似，多以花卉、格子等图案为主，也有纯色而镶有花边或凹凸纹样的，其中骨瓷因为质地细腻光洁而深受推崇（图3-32）。

## 任务七　现代简约风格

简约主义是从20世纪80年代中期对复古风潮的反叛和对极简美学的追求基础上发展起来的，90年代初期，开始融入室内设计领域。以简洁的表现形式来满足人们对空间环境的需求，这就是现代简约风格。

### 一、现代简约风格设计手法

现代简约风格强调少即是多，舍弃不必要的装饰元素，将设计的色彩、照明、原材料等简化到最少的程度。现代简约风格在硬装的选材上不再局限于石材、木材、面砖等天然材料，而是将选择范围扩大到金属、涂料、玻璃、塑料以及合成材料，并且夸大材料之间的结构关系。

装修简便、花费较少却能取得理想装饰效果的现代简约风格是当今流行趋势，这类风格对空间要求不高，中小户型公寓、平层住宅或办公楼均可使用。装饰品使用得不多，但每个装饰品都非常独特、精致，造型简单、有个性。在墙面、吊顶占据视觉比例较大的空间留白，减少了视觉负担。利用黑白组合，搭配出个性的装修。空间的划分并没有隔墙，而是采用隔断的形式，这样的空间划分方法更具灵活性、兼容性和流动性（图3-33）。

### 二、现代简约风格常用元素

#### 1. 现代简约风格家具

现代简约风格的家具通常线条简单，沙发、

项目三
软装设计风格分类

（a）深浅对比强烈的色彩

（b）床上用品深浅对比

图3-33 现代简约风格

图3-33（a）：现代风格软装饰品的造型简洁，没有任何修饰，仅通过深浅对比强烈的色彩与木纹材质来展现风格的特点。

图3-33（b）：床上用品深浅对比强烈，特别醒目，装饰画多以抽象的图案为主。

床、桌子一般都为直线，不带太多曲线，造型简洁，强调功能，富含设计或哲学意味，但不夸张（图3-34）。

2. 现代简约风格布艺

现代简约风格不宜选择花纹过重或是颜色过深的布艺，通常比较适合的是一些浅色并且具有简单大方的图形和线条作为修饰的类型，这样显得更有线条感（图3-35）。

3. 现代简约风格灯具

金属是工业化社会的产物，也是体现现代简约风格最有力的手段之一，各种不同造型的金属灯，都是现代简约风格的代表元素（图3-36）。

4. 现代简约风格装饰画

现代简约风格可以选择抽象图案或者几何图案的挂画，三联画的形式是一个不错的选择。装饰画的颜色和空间的主体颜色相同或接近比较好，颜色不能太复杂（图3-37）。

5. 现代简约风格花艺

现代简约风格空间大多选择线条简约，装饰柔美、雅致或苍劲有节奏感的花艺。线条简单的几何形花器是花艺设计造型的首选。色彩以单一色系为主，可高明度、高彩度，但不能太夸张（图3-38）。

图3-34（a）：人造板工艺沙发，造型创意取自鹅卵石，高低错落的靠背宛如山峦的起伏，糖果色的应用，简约中不失童趣。根据组合产品的不同，价格约为5500~8000元。

图3-34（b）：大理石与金色钢艺结合，镂空的桌腿造型，降低了大理石带来的厚重感，搭配不同风格的花艺，风格多变。据尺寸不同，价格约为900~1000元。

（a）鹅卵石造型沙发

（b）大理石茶几

图3-34 现代简约风格家具

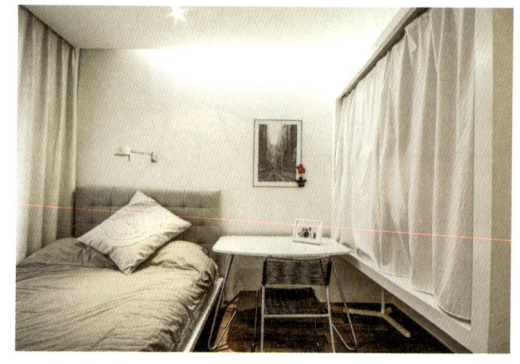

（a）纯白色窗帘　　（b）棉麻纯色桌布　　图3-35　现代简约风格布艺

图3-35（a）：纯白色的窗帘搭配浅灰色的床品，整体风格淡雅娴静，窗帘的褶皱增添了线条感。

图3-35（b）：棉麻纯色桌布，本身就具备简约风格，黑灰色的应用更增添了氛围感。

（a）麦克风灯罩　　（b）s形床头灯　　（c）风车造型吸顶灯

图3-36　现代简约风格灯具

图3-36（a）：镂空的麦克风灯罩散发出温暖的光晕，金属色系极具现代感，价格约为500元。

图3-36（b）：s形曲线设计的床头灯，创意感极强，灯体为铝制，比较牢固，价格约为200元。

图3-36（c）：风车造型吸顶灯，铁艺灯罩结合实木灯体，颜色简单，价格250～500元。

（a）人物线条装饰画　　（b）鹅卵石装饰画　　（c）立体装饰画

图3-37　现代简约风格装饰画

图3-37（a）：寥寥数笔便勾勒出人物的喜怒哀乐，极简的线条之美，在画中表现得淋漓尽致，价格100～250元。

图3-37（b）：灰色鹅卵石被裁剪成三幅画，空间的延续性并未受到影响，反而引人注目，价格200～500元。

图3-37（c）：采用喷绘工艺的立体装饰画，金色的花朵造型精致优雅，具有轻奢主义风格，价格120～350元。

（a）不规则陶瓷花器　　　　　（b）磨砂玻璃花器　　　　　（c）彩色透明玻璃花器

图3-38　现代简约风格花艺

图3-38（a）：不规则陶瓷花器，多面立体，层次感强。其大理石纹路错落交织，韵味十足。手工打磨的肌理效果，兼具情怀与品质。既能当摆件又能当花器，可搭配绿色阔叶植物。

图3-38（b）：具有磨砂效果的玻璃，复古做旧效果的金属环带，纯粹简约的黑金配色，张弛有度。

图3-38（c）：蓝色玻璃花瓶采用不规则的小口设计，与瓶身形成巨大反差，可搭配一枝红色枫叶。

# 任务八　趣味客厅陈设项目案例

客厅是家庭成员平常娱乐休闲待得比较多的地方，小户型客厅布置应以简约、大气为主，在家具家电的选择上也应遵循这个原则，否则会显得客厅局促而狭小（图3-39～图3-43）。

图3-39　客厅俯视图

图3-39：这款沙发，简约北欧造型，具有灵活多变的个性，将90°放平，秒变宽大、舒适的沙发床，完美地解决了小户型居室少的问题，偶尔有客人来访也可就此安睡。

图3-40　客厅正面

图3-40：沙发背景不用太复杂，一组画就可以，或者是一组照片。茶几也有大小形状之分，小巧的茶几可以最大限度地节约客厅的空间，一些性格偏柔和的人偏爱圆形的茶几，活泼精致，非常适合有孩子的家庭。

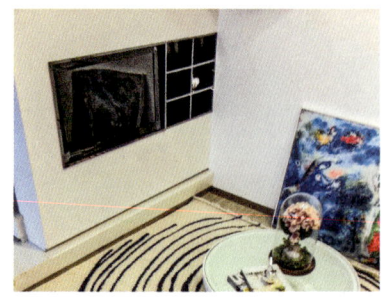  

图3-41　电视机与地毯　　　　图3-42　布艺　　　　　　　图3-43　凳子

图3-41：让客厅空间成为心灵驻足的地方，让每一件家具、每一盏灯具、每一幅艺术品都充满灵气。小户型客厅在电视的选购上应以小巧、精致为主，斑马纹簇绒地毯添加了空间的层次感。

图3-42：客厅里的茶几、边桌、角几、电视柜、壁炉等位置都是摆放花艺比较理想的地方。在布置客厅花艺时，不宜选择过于复杂的材料，花材不能太脆弱，持久性要好。客厅可选择的花艺有百合、郁金香、玫瑰等。

图3-43：红蓝色的凳子，造型出众，形似鼓，跳跃的颜色为客厅增添了生气。

## 项目小结

　　风格可以统筹家居的整体布局以及引领设计的核心走向，当一个家居的风格确定后，所有的家饰必须在这个风格的大框架内予以协调，呈现最佳的设计效果。如今备受欢迎的软装风格主要包括新中式、现代简约、新古典、田园、欧式、地中海、东南亚、日式等风格。其他还有工业风、现代前卫、自然主义、混搭等后起新潮风格。

课后练习

1. 新中式风格与中式风格有哪些区别？
2. 日式风格的设计要素有哪些？
3. 地中海风格的主要特征是什么？
4. 课后查阅相关知识，简述美式风格、欧式风格、英式风格三者的区别。
5. 查阅相关图片及案例，思考东南亚风格的家具有哪些特征？
6. 结合案例分析简述现代简约风格兴起的原因（作业数量：1份。将分析内容及查找相关案例整合成Word文档，之后进行介绍与分享。建议完成课时：2课时）。
7. "如果要看前途，一定要看历史。"毛泽东重视总结历史经验的思想方法和工作方法，是我们党宝贵的精神财富。作为陈设设计师也需要善于总结，可尝试收集多种陈设风格并总结其特点，绘制图文表格。

# 项目四 软装色彩设计

**学习目标**：知道色彩三属性，了解色彩给人的心理感受，掌握软装色彩搭配基本原则

**重点概念**：色彩属性、角色、寓意、配色方案

◀ **项目导读**

在环境空间设计中不仅要考虑各种色彩给空间塑造带来的限制，还应该充分考虑运用色彩的特性来丰富空间的视觉效果。运用色彩属性三要素变化来有意识地营造或明亮，或沉静，或热烈，或严肃的不同风格的空间效果。世界上没有不好的色彩，只有不恰当的色彩组合。通过对色彩属性的调整，整体配色印象也会发生改变。改变色彩属性三要素其中某一因素，都会直接影响整体的效果（图4-1）。

图4-1：客厅空间中的配色要遵循色彩搭配的基本原理。空间内以米白色家具为主，搭配蓝、黄色软装进行点缀。符合规律的色彩才能打动人心，并给人留下深刻的印象。

图4-1 客厅色彩搭配

## 任务一 色彩设计基础

在陈设设计中，对于色彩设计的基本把握需要从色彩的属性——色相、明度、纯度（饱和度），以及色彩对人的生理与心理作用等方面着手。

## 一、色彩三属性

色彩分为有色彩和无色彩，有色彩具有色相、明度、纯度三大属性；而无色彩即黑白灰，只有明度。色彩在软装陈设中最具表现力，能够影响人的情绪和情感。

### 1. 色相

色相即色彩的相貌和特征，又称为色别、色名等，它决定了颜色的本质。自然界中色彩的种类很多，如红、橙、黄、绿、青、蓝、紫等，颜色的种类变化就是色相的变化。一般使用的色相环是12色相环。在色相环上相对的颜色组合称为对比型，如红色与绿色的组合；靠近的颜色组合称为相似型，如红色与紫色或者与橙色的组合；只用相同色相的配色称为同相型，如红色可通过混入不同分量的白色、黑色或灰色，形成同色相、不同色调的同相型色彩搭配（图4-2）。

### 2. 明度

明度指色彩的亮度。颜色有深浅、明暗的变化。例如，深黄、中黄、淡黄、柠檬黄等黄颜色在明度上就不一样，紫红、深红、玫瑰红、大红、朱红、橘红等红颜色在亮度上也不尽相同。这些颜色在明暗、深浅上的不同变化，也就是色彩的明度变化。

在任何色彩中添加白色，其明度都会升高；添加黑色，其明度会降低。在一个色彩组合中，如果色彩之间的明度差异大，可以达到时尚活力的效果；如果明度差异小，则能达到稳重优雅的效果（图4-3）。

### 3. 纯度

纯度指色彩的鲜艳程度，也称为饱和度。原色是纯度最高的色彩。颜色混合的次数越多，纯度越低；反之，纯度越高。原色中混入补色，纯度会立即降低、变灰。纯度最低的色彩是黑、白、灰这样的无彩色。纯色因不含任何杂色，饱和度或纯粹度最高，任何颜色的纯色均为该色系中纯度最高的（图4-4）。

结合色彩三属性，可以给色彩确定色调。色调是指色彩外观的基本倾向，软装陈设中虽然会运用多种颜色（一般不超过三种），但总体有一种倾向，

图4-2 色相

图4-2：色相包括红色、橙色、黄色、绿色、蓝色、紫色六个种类。其中暖色包括红色、橙色、黄色等，给人温暖、有活力的感觉；冷色包括蓝绿色、蓝色、蓝紫色等，让人有清爽、冷静的感觉。而绿色、紫色则属于冷暖平衡的中性色。

图4-3 明度变化表

图4-3：色彩的明度变化表中，最亮的颜色是白色，最暗的是高纯度色，其次是中间过渡色。

图4-4 纯度变化表

图4-4：色彩的纯度变化表，纯度高的色彩，给人活泼、热烈的感觉；纯度低的色彩，给人素雅的感觉。

（a）暖色调

（b）冷色调

图4-5 色调

图4-5（a）：桦茶色的橱柜，枯茶色的餐桌，土色的百叶窗，鹅黄色的墙面瓷砖，整体为暖色调，黄色系。

图4-5（b）：灰白色的墙面，象牙色的柜子，灰色地毯，薄墨色沙发，整体为冷色调，灰色系。

偏蓝或偏红，偏暖或偏冷等，这种颜色上的倾向就是色调。软装设计中的色调还可以借助灯光设计来满足不同需求的总体倾向，营造设计要求的情景氛围（图4-5）。

## 二、色彩功能

### 1. 主体色

主体色主要是由大型家具或一些大型空间陈设、装饰织物所形成的中等面积的色块。它是配色的中心色，其他颜色搭配通常以此为主。客厅的沙发、餐厅的餐桌等的颜色就属于其对应空间里的主体色。主体色的选择通常有两种方式：要产生鲜明、生动的效果，则应选择与背景色或者配角色呈对比的色彩；要整体协调、稳重，则应选择与背景色、配角色相近的同相色或类似色（图4-6）。

### 2. 配角色

配角色视觉的重要性和面积次于主角色，常用于陪衬主角色，使主角色更加突出，通常是体积较小的家具颜色。例如短沙发、椅子、茶几、床头柜等。合理的配角色能够使空间产生动感，活力倍增。配角色常与主角色保持一定的色彩差异，既能突出主角色，又能丰富空间。但是配角色的面积不能过大，否则就会压过主角色（图4-7）。

### 3. 背景色

背景色通常指墙面、地面、天花板、门窗以及地毯等大面积界面的色彩。背景色由于其绝对的面积优势，支配着整个空间的效果。而墙面因为处在视线的水平方向上，对效果的影响最大，往往是环境配色首先关注的地方。可以根据想要营造的空间氛围来选择背景色（图4-8）。

### 4. 点缀色

点缀色是那种最易于变化的小面积色彩，比如靠垫、灯具、织物、植物花卉、摆设品等。一般会选用高纯度的对比色，用来打破单调的整体效果。

图4-6 主体色

图4-7 沙发为主角，沙发垫、花艺、装饰画颜色为配角色

图4-8 千草色的墙面为背景色

图4-6：整体给人的感觉是清新，如山间绿草上的晨露。主题色为绿色，包括松叶色的窗帘，若草色的墙面，青竹色的床，柳色的沙发。白色作为点缀，中和视觉疲劳。

图4-7：沙发的青蓝色为主角色，为避免厚重感，使用花瓶的薄红梅色、抱枕的蔷薇色和米白色做配角色来中和。

图4-8：千草色的墙面作为背景色，显得亮丽柔和。床品选择与之相应的水色，深咖色家具作为点缀。

（a）青蓝色与姜黄色的抱枕作为点缀

（b）宝石蓝的抱枕作为点缀

图4-9 点缀色

图4-9（a）：青蓝色与姜黄色的抱枕作为白色沙发的点缀，金茶色的休闲椅与之呼应，增添了活泼的感觉。

图4-9（b）：宝石蓝的抱枕作为灰白色沙发的点缀，与同一色系的装饰画相呼应，非常和谐。

虽然点缀色的面积不大，但是在空间里却具有很强的表现力（图4-9）。

## 三、色彩给人的心理感受

色彩不仅使人产生冷暖、轻重、远近、明暗的感觉，而且会引起人们的诸多联想。不同的色彩会令人产生不同的心理感知和情感反应，反应的不同与个人的喜好有关，也与文化背景有关。

### 1. 清爽宜人的蓝色

蓝色象征着永恒，是一种纯净的色彩。每每提到蓝色总会让人联想到海洋、天空、水以及浩瀚的宇宙。蓝色在家居装饰中常常用在新古典主义风格中（图4-10）。

### 2. 清新自然的绿色

绿色是自然界中最常见的颜色。绿色被视为生命的原色，象征着平静与安全，通常被用来表示生命以及生长，代表了健康、活力和对美好未来的追求。绿色的魅力就在于它显示了大自然的灵感，能让人类在紧张的生活中得以释放压力（图4-11）。

### 3. 热烈奔放的红色

红色在所有色系中是最热烈、最积极向上的一种颜色。在中国人的眼中红色代表着醒目、重要、喜庆、激情、斗志。醇厚的酒红色给人一种雍容、

图4-10 清爽宜人的蓝色

图4-10：整体风格偏向新古典主义风格。采用了大面积的深蓝色，让人感受到幽静深远。整体颜色较为厚重，深色系较多，与古典风格的厚重文艺风相匹配。

图4-11 清新自然的绿色

图4-11：深绿色的墙面，搭配芥子色的瓷砖，有一种静静的深沉之美，简约而不失内涵。

豪华的感觉，为一些追求华贵的人所偏爱；玫瑰色格调高雅，传达的是一种浪漫情怀，所以这种色彩为大多数女性所喜爱。但是居室内红色过多会让眼睛负担过重，产生头晕目眩的感觉（图4-12）。

4. 欢乐明快的橙色

橙色是红黄两色结合产生的一种颜色，因此，橙色也具有两种颜色的象征含义。橙色是一个欢快而运动的颜色，具有明亮、华丽、健康、兴奋、温暖、欢乐、辉煌的色感（图4-13）。

5. 充满活力的黄色

黄色是三原色之一，给人轻快、充满希望和活力的感觉。黄色总是与金色、太阳、启迪等事物联系在一起。许多春天开放的花都是黄色的，因此黄色也象征新生。水果黄带着温柔的特性；牛油黄散发着一股原动力；而金黄色又带来温暖（图4-14）。

图4-12 热烈奔放的红色

图4-12：红绯色装饰了墙面与白色吊顶，加上暖黄色的灯光，营造了一种温馨的感觉，能让人扫除一天的疲惫。

图4-13 欢乐明快的橙色

图4-13：整体风格偏向欧式风格。橙色的墙面及瓷砖，给人洋洋暖意，非常舒适。加上黑白花纹沙发的点缀，整体空间具有个性又不会唐突。

图4-14 充满活力的黄色

图4-14：向日葵色的墙面非常温馨，与床头的秋季丰收画面相契合，搭配米白色的床品和沙发刚刚好。

图4-15 神秘浪漫的紫色

图4-15：整体风格偏向东南亚风情。绛紫色的房顶，营造深沉的氛围。藤紫色的床品与菖蒲色的抱枕，颜色深浅适中，整体色系非常和谐，与深蓝色的窗帘搭配浑然一体。

### 6. 神秘浪漫的紫色

紫色是由温暖的红色和冷静的蓝色叠加而成，是极佳的刺激色。紫色永远是浪漫、梦幻、神秘、优雅、高贵的代名词，它独特的魅力、典雅的气质吸引了无数人的目光。与紫色相近的是蓝色和红色，一般浅紫色搭配纯白色、米黄色、象牙白色；深紫色搭配黑色、藏青色会显得比较稳重，有精干感（图4-15）。

### 7. 富丽堂皇的金色

金色熠熠生辉，显现了大胆和张扬的个性，在简洁的白色衬映下，视觉会很干净。但金色是较容易反射光线的颜色之一，金光闪闪的环境对人的视觉伤害极大，容易使人神经高度紧张，不易放松（图4-16）。

图4-16 富丽堂皇的金色

图4-16：金色给人富丽堂皇的感觉，比较适合开阔的房间。金色的吊顶及墙面，结合水晶吊灯将华丽发挥到极致。

### 8. 优雅厚重的咖啡色

咖啡色属于中性暖色色调，优雅、朴素、庄重而不失雅致。它摒弃了金黄色调的俗气，又或是象牙白的单调和平庸（图4-17）。

### 9. 现代简约的黑白色

黑白色被称为"无彩色"，也可称为"中性色"。黑白色是最基本和简单的搭配，灰色属于万能色，可以和任何彩色搭配，也可以帮助两种对立的色彩和谐过渡（图4-18）。

图4-17 优雅厚重的咖啡色

图4-17：此处的咖啡色深浅不一，主要表现在浅咖色的墙纸和窗帘，深咖色的床架和梳妆台上。

(a)现代简约的黑白色　　　(b)黑白条纹的沙发

图4-18　黑白色

图4-18(a):室内墙面以白色为主调,呈现出清新整洁的视觉效果。置于其中的灰色沙发巧妙地充当了白色茶几与深色家具之间的视觉桥梁,强化了整体的和谐感。

图4-18(b):黑白条纹的沙发使得黑白搭配具有了新的创意,灰白色的墙面和银色的落地灯中和了黑白色调的乏味,增添了新意。

# 任务二　色彩应用

色彩在设计中是没有高低贵贱之分的,每一种颜色在处理好空间色彩协调关系后,都会成为软装配色的关键所在。同一色彩在不同背景、不同材质中,其色彩效果都是截然不同的,因此在陈设设计中如何对色彩进行合理应用是设计师需要着重了解的问题。

## 一、色彩组合

色彩效果取决于不同颜色之间的相互关系,同一颜色在不同的背景条件下可以迥然不同,这是色彩所特有的敏感性和依存性导致的,因此如何处理好色彩之间的协调关系,就成为配色的关键问题。

### 1. 同色系组合

同一色相、不同纯度的色彩组合,称为同色系组合。在空间配置中,同色系搭配是最安全也是接受度最高的搭配方式。同色系中的深浅变化及其呈现的空间景深与层次,让整体尽显和谐一致的融合之美。相近色彩的组合可以创造一个平静、舒适的

> **- 补充要点 -**
>
> **华丽色与朴素色**
>
> 华丽色与朴素色风格迥异。在色彩搭配上,华丽色与朴素色相互补充,可形成独特的视觉效果。例如红色与白色的搭配,既热烈又纯洁;金色与绿色搭配,既高贵又自然。华丽色与朴素色,代表不同的个性与情感。华丽色热情奔放,充满活力;朴素色则低调内敛,给人宁静与舒适。

环境,但这并不意味着在同色系组合中不采用其他的颜色(图4-19)。

### 2. 邻近色组合

邻近色组合是最容易运用的一种色彩搭配方案,也是目前最大众化和深受人们喜爱的一种色彩搭配方案,这种方案只用两三种在色环上互相接近的颜色,以一种为主,另几种为辅,如黄与绿、黄与橙、红

图4-19：高明度+高纯度的色彩，散发奢华魅力。这种搭配在同色系中难度较大，要找准色彩倾向，还要考虑人对色彩的感知度，尤其是人对冷色系列色彩的感知度较弱，因此可以在明度上加以变化，适当搭配一些偏暖的色彩，如浅米黄色。最关键的是要将色彩分配拉开，而不是集中在一起。

图4-19  同色系组合

图4-20  邻近色组合

图4-20：在咖啡色地板及墙面的基调上，选择赤茶色沙发搭配褐色书柜和胭脂色地毯，文艺气息浓厚。

图4-21  田园风格对比色组合

图4-21：整体风格偏向田园风，房间独具个性。白色墙面作为基调，小面积的宝蓝色橱柜点缀其中，青绿色的餐桌椅与之产生对比。蓝白格子的桌布与绿色小盆栽的碰撞可爱之极。

与紫等。一方面要把握好两种色彩的和谐，另一方面又要使两种颜色在纯度和明度上有区分（图4-20）。

### 3. 对比色组合

对比色如红色和蓝色、黄色和绿色等。对比型配色的实质就是冷色与暖色的对比，一般在色相环上成150°~180°色彩的配色视觉效果较为强烈。在同一空间，对比色能制造有冲击力的效果，让房间个性鲜明，但不宜大面积同时使用（图4-21）。

### 4. 互补色组合

使用色差最大的两个对比色相进行色彩搭配，可以让人印象深刻。由于互补色之间的对比相当强烈，因此想要适当地运用互补色，必须特别慎重考虑色彩彼此间的面积比例问题。当使用互补色配色时，通常使用一种大面积的颜色与另一种较小面积的互补色来达到平衡。如果两种色彩所占面积相同，那么对比会显得过于强烈（图4-22）。

### 5. 双重互补色组合

双重互补色调有两组对比色同时运用，采用四个颜色，对房间来说可能会造成混乱，但也可以通过一定的技巧进行组合尝试，使其达到多样化的效果。如对面积比较大的房间来说，为增加其色彩变化，是一个很好的选择。使用时也应注意两组对比色中应有主次，对小房间来说更应把其中一组作为重点处理（图4-23）。

### 6. 无彩色与有彩色组合

黑、白、灰、金、银五个中性色是无彩色，主要用于调和色彩搭配，突出其他颜色。其中金色、银色几乎是可以陪衬任何颜色的百搭色。有彩色是

图4-22（a）：群青色天花板与淡黄色沙发的互补色组合非常柔和，并采用了灰白色进行平衡，比例适当。

图4-22（b）：对比强烈的色彩常在KTV等娱乐空间使用，紫色、黄色、绿色、蓝色之间的互动非常吸引人的眼球。

图4-22　互补色组合　　　　（a）互补色组合　　　　　　　　（b）KTV

图4-23：湖蓝色墙面与鹅黄色吊顶构成一组互补色，小面积的紫色抱枕与青绿色窗帘构成另一组互补色。其他小装饰品也采用了相同色系的色彩，因此避免了混乱。整体颜色的纯度比较统一，看起来充满了趣味，非常和谐。

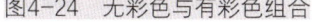

图4-23　双重互补色组合

图4-24（a）：黑色的餐桌、沙发、橱柜，白色的茶几、墙面，加上两个黄色的小抱枕和水果盘，给人视觉上的跳跃感。

图4-24（b）：大面积的黑色墙壁，灰色的地毯，带有简约味道。夺人眼球的红色沙发与黑色产生了鲜明的对比。

（a）无彩色组合　　　　　　　　（b）简约味道

图4-24　无彩色与有彩色组合

活跃的，而无彩色则是平稳的，这两类色彩搭配在一起，可以取得很好的效果。在空间装饰中黑、白、灰颜色的物品并不少，将它们与彩色物品摆在一起别有一番情趣，并具有现代感。在无彩色中只有白色可大面积使用，黑色只可小面积使用于高彩度之间，如此才能取得非同凡响的效果（图4-24）。

## 二、色彩搭配及运用

**1. 装饰常用配色方法**

（1）色彩搭配黄金法则。家居色彩黄金比例为6∶3∶1，其中"6"为背景色，包括墙、地、顶的基本颜色，"3"为搭配色，包括家具的基本色系等，"1"为点缀色，包括装饰品的颜色等，这种搭配比例可以使家中色彩丰富，但又不显得杂乱，主次分明，主题突出（图4-25、图4-26）。

（2）确定一个色彩印象为主导。对一个房间进行配色，通常以一个色彩印象为主导，空间中的大色面色彩从这个色彩印象中提取，但并不意味着房

图4-25 空间配色方案顺序

图4-25：在设计和方案实施的过程中，可按照该顺序进行配色安排，其中需注意空间配色最好不要超过三种色彩。

图4-26：银桦色作为背景色囊括了墙面、地板和房顶，占比六成。白色作为搭配色包含了所有的家具，占比三成，青绿色沙发凳和绿植作为点缀色，占比一成。整体色系简单干净，营造出大气奢华、瞩目的效果。

图4-26 色彩搭配黄金法则

— 补充要点 —

### 软装色彩搭配窍门

世界上有无数种色彩，色彩搭配的方法亦有无数种。细心观察，找到更多自己专属的色彩搭配方法。日本一位设计师曾经提出70%、25%与5%的配色比例方式，其中底色为大面积使用的颜色，而主色与强调色则可以利用互补色进行配置（图4-27、图4-28）。

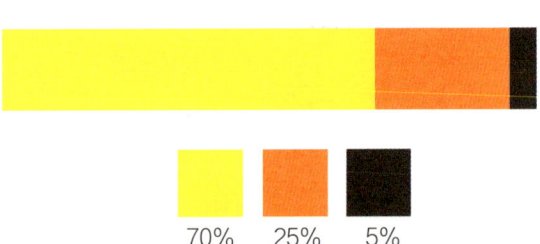

图4-27 70%、25%与5%的配色比例方式

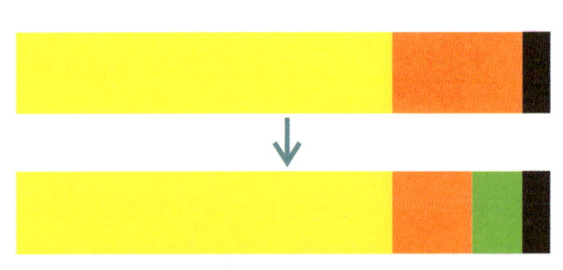

图4-28 整体配色比例

图4-27：一般情况下建议画面或空间的色彩不宜超过3种色相，比如祖母绿与抹茶绿可以视为一种色相。

图4-28：如果使用三种以上色彩搭配，可以从现有的色彩分配比例中做切割，加入第四种色彩，不影响整体配色比例。

图4-29 素色的基调

图4-29：白色的墙壁代表了简约的风格，床品也选择了素色进行搭配，墙上的绿色彩绘与椅子呼应。

图4-30 适当运用对比色

图4-30：宝蓝色与正红色的碰撞非常有趣，给人活泼的感觉。但宝蓝色只是小面积应用在门窗上，红色则更少地应用在柜子的背板上。再加上白色的调和，整体清新自然，给人舒心的感觉。

间内的所有颜色都要完全照此来布置（图4-29）。

（3）适当运用对比色。适当选择某些强烈的对比色，以强调和点缀环境的色彩效果。但是对比色的选用应避免太过繁杂，一般在一个空间里选用两至三种主要颜色对比组合为宜（图4-30）。

（4）色彩混搭。虽然在家居装饰中常常会强调，同一空间中最好不要超过三种颜色，否则色彩容易搭配不协调，让人产生不舒服的感觉。但是，三种颜色显然无法满足一部分个性达人的需要，而混搭又容易引起审美疲劳。色彩混搭秘诀就在于掌握好色调的变化。两种颜色对比非常强烈时通常需要一个过渡色（图4-31、图4-32）。

图4-31 色彩混搭

图4-31：墨绿色的床头加上红白条纹的墙壁，深浅不一，契合完美。搭配白色床品，蓝色抱枕。颜色混搭别具一格，条纹也并不显得突兀。

图4-32：

1. 红色配白色、黑色、蓝灰色、米色、灰色。

2. 咖啡色配米色、鹅黄、砖红、蓝绿色、黑色。

3. 黄色配紫色、蓝色、白色、咖啡色、黑色。

4. 绿色配白色、米色、黑色、暗紫色、灰褐色、灰棕色。

5. 蓝色配白色、粉蓝色、酱红色、金色、银色、橄榄绿、橙色、黄色。

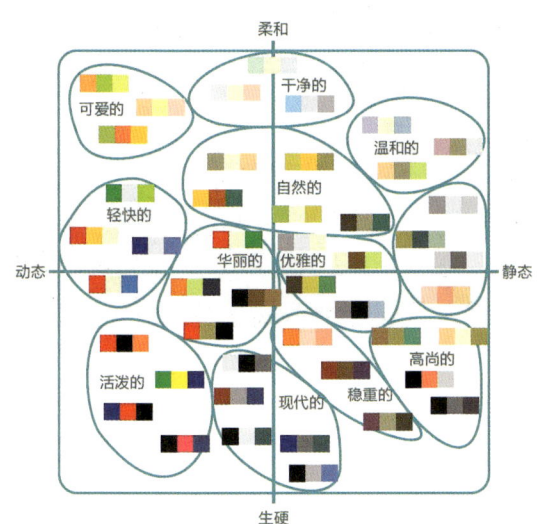

图4-32 配色建议

（5）调和作用。白色是和谐万能色，如果同一个空间里各种颜色都很抢眼，互不相让，可以加入白色进行调和。白色有让大多颜色都"冷静"下来的能力，同时提高亮度，让空间显得更加开阔，从而弱化凌乱感（图4-33）。

2. 利用色彩调整空间缺陷

不同的色彩，人们的视觉感受是不同的。充分利用色彩的调节作用，可以重新塑造空间，弥补居室的某些缺陷。

（1）调整过大或过小的空间。深色和暖色可以让大空间显得温暖、舒适。强烈、显眼的点缀色适用于大空间的墙面，用以制造视觉焦点，如独特的手绘。要尽量避免让同色的装饰物分散在空间内的各个角落，这样会使大空间显得更加扩散，缺乏重心，将近似色的装饰物集中陈设便会让空间聚焦（图4-34）。

（2）调整过大或过小的进深。纯度高、明度低、暖色相的色彩看上去有向前的感觉，被称为前进色；反之，纯度低、明度高、冷色相的色彩被称为后退色。如果空间空旷，可采用前进色处理墙面；如果空间狭窄，可采用后退色处理墙面（图4-35）。

（3）调整过高或过低的空间。同纯度同明度的情况下，暖色较轻，冷色较重。空间过高时，可用较墙面温暖、浓重的色彩来装饰顶面。但必须注意色彩不要太暗，以免使顶面与墙面形成太强烈的对比，使人有塌顶的错觉；空间较低时，顶面最好采用白色，或比墙面淡的色彩，地面采用重色（图4-36）。

（a）白色起到调和作用

（b）弱化凌乱感

图4-33 调和作用

图4-33（a）：墙壁的黑色曲折线条以及黑白马赛克瓷砖并没有使房间显得过于凌乱，大面积的白色解决了这个问题。

图4-33（b）：整体的软装搭配带有一丝中式风格，不论是花纹还是条纹都在白色的基调上发挥恰当，并没有让人觉得紊乱，而是给人娴静淡雅的感觉。

图4-34 调整过大或过小的空间

图4-35 调整过大或过小的进深

图4-34：清新、淡雅的墙面色彩运用可以让小空间看上去更大；鲜艳、强烈的色彩用于点缀会增加整体空间的活力和趣味；还可以用不同深浅的同类色做叠加以增加整体空间的层次感，让其看上去更宽敞而不单调。

图4-35：房间内家具尺寸比较大，占用的面积也比较多，使用灰色系让整个房间变得宽阔了许多。

（a）浅色给人上升感　　　　　　　　　　　　　（b）深色给人下坠感

图4-36　调整过高或过低的空间

图4-36（a）：欧式风格大多采用浅色系来装饰天花板，具有上升感，给人大气宽阔的感觉。

图4-36（b）：东南亚风格多采用自然材料来装饰，深色的天花板与地面呼应，居室空间显得牢固密切。

# 任务三　色彩流行趋势

每年Pantone*都会针对今年色彩形式进行趋势预测，选取几种颜色作为该年度的色彩代表，而在陈设设计中也会出现相应的颜色倾向。下面是近几年陈设设计中较为流行的颜色。

## 一、千禧粉

如果说，有哪种颜色能让如今的年轻人为之沉醉，那么"千禧粉"一定值得一提，即使你对这个名字并不熟悉，但也肯定感受过某个时刻被它刷屏的震撼。从服装、食品包装、文具、化妆品，再到各种家居用品，乃至整栋建筑的外墙，几乎都有它的身影（图4-37、图4-38）。

## 二、枫叶红

提到暖色，最佳代表当数红色了，在清冷的秋冬季，它的热情最容易吸引人。每年的流行色里最让人震撼的就是红色，无论是石榴红、学院红、中国红，总是很容易从其他颜色中跳脱出来，引起注意。红色是一种较具刺激性的颜色，传递出热情、奔放的感觉，但这不是它受人喜欢的唯一原因（图4-39）。

## 三、暖木棕

暖木棕和我们通常理解的木和棕都没有很大关系，它介于淡粉色和淡紫色之间，从自然中提取，散发出随性、中和以及优雅的气质，让人的眼睛很舒适和愉悦，同时又给居室带来沉稳和安定的装饰氛围。暖木棕色具备温和、包容等特质，色调冷暖均衡，带有温和的灰度，具有很强的百搭性，非常适合家居使用（图4-40）。

暖木棕色来源于大自然，是木材在自然环境中

---

* 彩通，1952年创建的开发和研究色彩的国际权威机构，Pantone色卡在印刷、纺织、塑料等领域，每个颜色都有编号。

图4-37：千禧粉并不是特定的一种颜色，而是一系列粉色的总称。灰调玫瑰色、裸桃、暗杏色和带点西柚色倾向的粉等，都称得上千禧粉，并具有复古气息。

图4-37 千禧粉

图4-38：梅子色的绒布沙发是整片千禧粉色墙面、桌子包围中的一抹亮色。

图4-38 粉色的应用

图4-39 枫叶红

图4-40 暖木棕

图4-39：红色波长最长，是彩虹最顶端的颜色，也是黄昏时最晚看不见的颜色。因此红色也具有朝气、积极向上的情感，业主年纪偏大的时候就可以酌情考虑使用一些红色在设计中。

图4-40：自然的光线洒满了整个房间，棉麻材质带有纯粹质朴的动人气质，冷色调的蓝色对空间是一个很好的平衡，中性色与青蓝色则让整个空间有了很好的情感连接。

生长、成熟、腐烂、变质等一系列变化过程中形成的千变万化的色彩，这些色彩虽然多样，但是都具有米黄色原始木纹的色调。

在软装搭配设计时，可以选用颜料来预先表现出色彩，甚至可以画在纸上，不断调色、配色，最终选出符合室内软装陈设设计需要的色彩品种。暖木棕色系列以暖色为主，兼顾少许冷色，如绿色、蓝色，这些冷色要不断加白来提高明度，让色彩倾向显得粉气十足（图4-41）。

## 四、祖母绿

绿色，是芳草碧连天的诗意，是山水草木的清新，是时尚，更是舒适。凭借着高舒适度与百变的风格，绿色在软装的世界任性地勾画、渲染多面的惊艳。绿色总能为空间营造出清新自然的氛围，如绿色的墙，原木色的椅子，两者搭配起来能产生很好的效果（图4-42）。

设计中我们很多时候会应用绿色，但它并不能代替植物的绿色，大面积的绿色反而让人难以集中精神，降低学习与工作效率，所以要注意，书房、办公室等环境并不适合用绿色做主色调去装饰（图4-43）。

图4-41：暖木棕色不能大面积使用，应当在局部点缀，否则会让人感到乏力，没有生活和工作的激情，因此在软装陈设品中，这类颜色可用于沙发抱枕、小块地毯、茶几台布等。

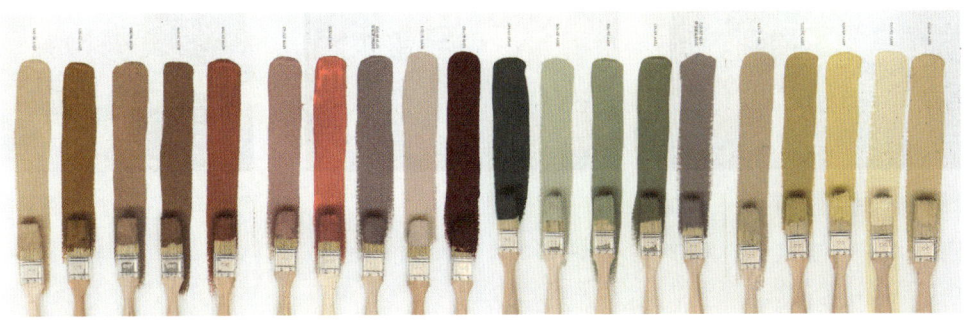

图4-41　暖木棕系列

图4-42　祖母绿和金色

图4-42：祖母绿和金色是近乎完美的搭配。金色加进了祖母绿，去掉了浮夸与俗气。祖母绿加上金色，更多了几分贵气，散发着优雅神秘的气质。

图4-43　复古绿

图4-43：整体软装色调以复古绿为主题，使用绿色与皮草面料结合，搭配轻奢水晶灯的廓形，表现出英式古典风格。

# 任务四  撞色空间设计项目案例

东南亚风格家居,以其丰富鲜艳的色彩搭配,深受众人喜爱。色彩的碰撞,在一定的尺度内给人最大的视觉享受。一个空间首先必须满足功能上的要求,同时又要追求美观,保障安全。室内用品要满足使用功能、安全及美观的要求。这些用品必须根据主人生活的需要来确定大小规格、色彩造型、放置位置以及同整个家居空间的关系等,这些均得在装潢施工前考虑(图4-44~图4-50)。

图4-44  红色吊灯

图4-45  紫色窗帘

图4-46  书房鲜艳跳跃的色彩

图4-44:一盏红色的吊灯作为点缀,使得卧室简单却不单调。家具具有浓厚的古朴气息,床品的花纹与墨绿色抱枕撞色巧妙,营造了温馨舒适的氛围。

图4-45:客厅的装饰以绿色和紫红色为主,抱枕和桌布色彩与窗帘相呼应。增加绿植和木质椅子的搭配,让空间呈现层次感,呈现了鲜活而静谧的东南亚印象。

图4-46:东南亚风格是典型的热带装饰风格,书房鲜艳跳跃的色彩也抵挡不住天然材质家具所带来的雅致氛围。东南亚地区宗教盛行,佛像或一些宗教圣物摆件置于角落,带来了神圣安宁的气氛。

图4-47  深绿色墙面

图4-47:深绿色的墙面作为基调,配合石材地面在家的入口处营造了一条幽静的通道。暖色光源的射灯照在佛像上,再添加一盆鲜活的绿植,玄关处祥和又不失活力。

图4-48  鲜活的绿植

图4-48:收纳柜用天然木材所制,瓷瓶与绿植的配合非常和谐,凸显了东南亚风格崇尚自然的特色。

图4-49　金黄色橱柜门　　　　　　　　　　　图4-50　绿色瓷砖

图4-49：厨房的设计极为简单，利用极具自然特性的绿色瓷砖装饰墙面。橱柜选择实木材料，配合玻璃门，为乏味的厨房添加了趣味。

图4-50：墙面的绿色瓷砖与实木的浴盆，以及墙角的绿植，使卫生间充满了自然特色。若是配以布艺窗帘则会显得不融洽，而黑色百叶窗的配合，使卫生间保留了原有氛围。

**项目小结**

　　建议在居室内的色彩构成中不要超过三个色彩框架，而这三个色彩框架要按照6∶3∶1的原则进行色彩比例分配，这样会得到一个比较合适的效果。比如室内空间中，墙面可以使用60%的主色彩，家居、床品、窗帘可以使用30%的次要色彩，剩下10%的点缀色就是一些工艺品、艺术品、饰品以及花艺等的颜色。虽然点缀色是占比最少的，但是它往往会起到最重要的强调作用。

**课后练习**

1. 色彩的属性有哪些？简要概述。
2. 色彩在软装设计中充当哪些角色？
3. 简要概述常见色彩对人心理的影响。
4. 色彩有哪些搭配方式？
5. 色彩可以调整哪些空间缺陷？
6. 课后查阅相关资料，总结各种设计风格的配色方案（作业数量：1份。将分析内容总结为Word，之后进行介绍与分享。建议完成课时：5课时）。
7. 毛泽东曾说过，"马克思列宁主义并没有结束真理，而是在实践中不断地开辟认识真理的道路"，对于我们学习过程也适用，在了解理论知识后，我们可自主选择一室内空间进行陈设色彩搭配设计。

# 项目五 陈设家具摆放设计

**学习目标**：了解各种家具的使用功能和艺术风格，掌握住宅和公共空间环境中家具摆放的基本原则，提高审美素养

**重点概念**：住宅空间、办公空间、商业空间、庭院景观

## ◀ 项目导读

家具是由材料、结构、外观形式和功能四种因素组成，其中功能是先导，是推动家具发展的动力，结构是主干，是实现功能的基础。家具是为了满足人们一定的物质需求和使用目的而设计与制作的，因此家具还具有材料和外观形式方面的因素。这四种因素互相联系，又互相制约。家具包括柜子、桌椅、床榻、沙发等，家具既是物质产品，又可以是艺术作品（图5-1）。

图5-1：会客区作为招待、迎接客人的区域，需要彰显主人的审美以及品位。新中式风格会客区，家具的选择注重低调、质感。

图5-1　会客厅家具摆放

## 任务一　居住空间家具摆放设计

居住空间包含门厅、客厅、餐厅等功能区所组合成的室内空间，对于居住者而言，居住空间家具不仅要满足空间美观性的需求，更要满足居住者生活需求。

## 一、门厅

在大户型面积的房子里有门厅，门厅通常称为玄关。而在小户型里，门厅可能就是一个简单的进门的地方，就是一个鞋柜和一块防滑毯而已。随着现代装饰产品越来越丰富，设计越来越多样，无论户型大小，玄关的设计都是对审美和个性的挑战。

门厅家具的摆放既不能妨碍出入通行，又要发挥家具的使用和装饰功能，通常的选择是低柜和长凳，低柜属于收纳型家具，可以放鞋、雨伞和杂物，台面上还可放钥匙、手机等物品，长凳的主要作用是方便换鞋和休息。鞋柜是门厅玄关家具的首选，布置时有很多讲究（图5-2）。

### 1. 鞋柜

市面上常见的鞋柜主要有五种：抽屉式鞋柜、开门式鞋柜、抽拉式鞋柜、嵌入式鞋柜、组合式鞋柜（图5-3）。

（a）吊灯、装饰画、案几、花瓶

（b）玄关连体凳、瓶

图5-2　玄关设计

图5-2（a）：精致的装饰画与案几造型相呼应，蓝色瓷瓶的装饰性特别强。小范围大胆尝试高调的色彩，不会太过花哨，涂刷墙漆较为省钱和简单易行。

图5-2（b）：玄关设计复古自然，灰色木纹漆生态板玄关柜很好地嵌入环境空间中，木质的温润质感让人心生暖意，不同的木质可以带来不同的感觉。

（a）嵌入式鞋柜

（b）组合式鞋柜

图5-3　鞋柜

图5-3（a）：嵌入式鞋柜，是结合进门吊顶的设计做出来的，不仅美观实用，而且大大地节省了室内空间。

图5-3（b）：组合式鞋柜完美地解决了鞋子放不下的问题，想放多少鞋子，就买多少小柜子，随意组合。

## 2. 换鞋凳

（1）定制一体化长凳。设计入户玄关，如果空间够大，完全可以用一个有序的方式来组织空间与功能，将鞋柜、长凳、全身镜、挂钩、隔板安排妥帖。风格形态统一，给入户空间毫不松散的凝聚力（图5-4）。

（2）独立储物式长凳。独立的带储物功能的换鞋长凳，也是小空间的上佳之选。将更多的空间留给鞋柜，剩下的空间就可以由它来独立发挥（图5-5）。

（3）换鞋凳。单独的小凳子优点在于灵活性，不必让人每次都到固定的位置坐下换鞋，能够随意取拿，闲时也能另作他用，非常方便。其价格也较为低廉，适合玄关空间较小、不适合摆放大型换鞋凳的户型（图5-6）。

图5-4　与衣帽架一体的换鞋凳

图5-4：铁艺衣架与换鞋凳结合，焊接工艺，金色烤漆，美式风格。可以挂包、衣服及其他杂物。

图5-5　独立储物式长凳

图5-5：自带小柜子的换鞋凳，足以收纳玄关的零碎物品。柜子台面还可以做一些装饰陈列。

（a）小羊坐凳

（b）人体曲线方凳

图5-6　换鞋凳

图5-6（a）：创意小羊坐凳，白色的小羊造型惹人喜爱，四只凳脚刚好作为小羊的脚，还带有一定的储物空间。

图5-6（b）：采用榉木材质，凳面向内凹进去，符合人体曲线，适合简约风格居室。

> **— 补充要点 —**
>
> **门厅与玄关的区别**
>
> 　　门厅指的是功能区域，进门这一块称为门厅。可以是开放的也可以是封闭的，可以是住宅空间也可以是商业或办公空间。玄关一般指的是住宅入口空间，一般不会为全开放格局，会设置视觉隔断或者完全独立空间。

## 二、客厅

客厅在住宅中当属最主要的空间了，是家庭成员逗留时间最长、最能集中表现家庭物质生活水平和精神风貌的空间，因此，客厅应该是设计与装饰的重点。客厅是家庭成员及外来客人共同活动的空间，在空间条件允许的前提下，需要合理地将会谈、阅读、娱乐等功能区划分开（图5-7）。

### 1. 电视柜

电视柜是客厅中极为常见的家具，主要分为地台式、地柜式、悬挑式和拼装式几种。

（1）地台式。一般在装饰装修中是现场定制，采用石材制作台柜表面，大气、浑然一体。如果选购就要注意成品家具的长度了，不是所有的客厅都适合大体量的地台电视柜。地台电视柜一般没有抽屉，而液晶电视机就挂在墙上（图5-8）。

（2）地柜式。可以配合客厅中的视听背景墙，既可以安置多种多样的视听器材，还可以将主人的收藏品展示出来，让视听区达到整齐、统一的装饰效果，既实用又美观的设计，给客厅增添了一道

图5-7　客厅

图5-7：欧式田园风的客厅重在对自然的表现，同时又融入了浪漫主义与现代主义的特点。

欧式客厅非常需要用家具和软装饰来营造整体效果。橡木或枫木家具，色彩鲜艳的布艺沙发，都是欧式田园风客厅里的主角。

图5-8　地台式电视柜

图5-8：地台式电视柜适合喜欢简约风格的户主采用。

乳白色烤漆彰显北欧风情，很适合大理石台面，整个地台与房梁合为一体，流畅的蓝色线条与条纹沙发相呼应，整体风格清新自然，没有多余的累赘。

"风景"。地柜的容量很大，一般配置3~4个抽屉，可以存放很多物品（图5-9）。

（3）悬挑式。需要预制安装，电视柜的安装对墙体结构要求比较高，最好是实体砖砌筑的厚墙，能承载柜体和电视机的拉力。悬挑式电视柜下方内侧可以安装发光软管灯带或日光灯管，选择光线柔和的光源，呼应电视机屏幕（图5-10）。

（4）组合式。组合式电视柜让电视机的摆放位置更加丰富多样，很好地满足空间居住者的各种需求，同时还方便平时的收纳，但需要注意的是电视柜和家具产品应配套以及安装方法应一致。可以直接将电视机安装在组合电视柜附带的板上。再搭配摆放些物件，让空间看起来更加美观，使用更便利（图5-11）。

（5）壁挂式。壁挂式电视柜小巧轻便，占用的空间较少，能节约出地面空间，显得居室更加开阔（图5-12）。

2. 沙发

沙发不单纯是供靠坐休息使用，现在已经发展为集使用、健身、观赏于一体的多功能家具。

图5-9（a）：黑色、白色、金色的组合具有后现代风格特点，带有神秘的色调。

图5-9（b）：中式实木电视柜，具有丰富的储物空间。温暖的海棠色，带来中式热情。

图5-9 地柜式电视柜　　（a）后现代风格　　（b）中式热情

图5-10 悬挑式电视柜　　图5-11 组合式电视柜　　图5-12 壁挂式电视柜

图5-10：实木制造，表面采用烤漆工艺。可在柜子上方放置绿植花卉，减少视觉疲劳。

图5-11：高柜配矮几，加上悬挑的小方柜，储物空间较多，占有的空间刚好适应墙角转折之处。不同规格的柜子可以自由组合，将每寸空间都合理利用起来。组合家具下方设计成储物功能，将收纳和设计有效结合起来，让物品摆放更加有序，空间也更美观。

图5-12：黑色异形造型，搭配小型绿植，带有现代极简主义风格特点。明亮立体的线条，打造时尚家居。环保的实木加上亮光的烤漆，耐用不易掉色。

### 补充要点

**电视柜选购要点**

注意客厅的面积大小,根据户型与客厅的面积来设计摆放方式。如果客厅面积大,比较宽敞,可以设计电视背景墙,如果客厅面积比较小,可采用"品"字形组合电视柜。

注意电视柜尺寸大小,电视墙、电视机的尺寸要提前量好。提前测定家里人看电视时的视线高度,保证电视摆放的高度。

注意电视柜材料,电视柜的材料五花八门,建议选择散热较好、防火的材质。

注意整体风格,中式风格的客厅,可以选择沉稳复古的电视柜,现代风格的客厅可以选择简约、个性的电视柜。客厅风格和电视柜的风格应该搭配一致。

---

(1)构造合理。市场上销售的沙发按靠背高矮可分为:低背沙发,靠背高于座面约为370mm,给腰椎一个支撑点,属休息型轻便椅,方便搬动、占地小;普通沙发,最为常见的是有两个支撑点承托腰椎与胸椎;高背沙发,有三个支点,且三点构成一个曲面(图5-13)。

(2)弹性适中,平整柔软,硬度适中。高档沙发多采用尼龙带和蛇簧交叉编织网结构,上面分层铺垫高弹泡沫、喷胶棉和轻体泡沫。中档沙发多以层压纤维为底板,上面分层铺垫中密度泡沫和喷胶棉,坐感与回弹性较前者差(图5-14)。

(3)骨架结实可靠。沙发主结构为木质或金属材料,骨架应结实、坚固、平稳、可靠。外露部分通过看、摸来鉴别,内藏部分通过推、摇、晃、坐等动力测试来鉴别。无糟朽、虫蛀,采用不带树皮或木毛的光洁硬杂木制作,且木料接头处不是用钉子钉接,而是榫卯结合并且用胶粘牢的即为可靠。

**3. 茶几**

很多设计师在选择茶几的时候,只是看到卖场

图5-13 转角的沙发靠背

图5-13:沙发在挑选的时候要注意与周围的装饰品相契合、相呼应,否则会显得突兀。淡蓝色的墙面与深蓝色的沙发同属于一个色系,同时沙发与装饰画又相呼应,显得非常和谐。

图5-14:深蓝色的沙发采用绒布面料,给人温暖的触感,在与蓝色花纹地毯呼应的同时,也采用了姜黄色抱枕做点缀,厚实蓬松、弹性适中的坐垫,给人满满的安全感。

图5-14 弹性适中的坐垫

图5-15 沉稳、深暗色系的木质茶几

图5-15：环境空间较大，可以配沉稳、深暗色系的木质茶几。较小的空间，主人可选择舒适的布艺沙发，配合北欧现代简约风格的塑料材质小茶几、小型玻璃茶几。

图5-16 自然色系

图5-16：整体色系为自然色系，茶几的原木色与地毯搭配，其他家具也采用同一色调。

里摆放的好看，却没有想到茶几在生活中的作用。合适的茶几，不仅要款式好看，而且还要与其他家具搭配，并且根据个人的需要来挑选，选购茶几时要注重美感和功能兼备。

（1）空间恰当。茶几的大小选择要看空间的大小，小空间放大茶几，茶几会显得喧宾夺主；大空间放小茶几，茶几会显得无足轻重。在比较小的空间中，可以摆放椭圆形等造型柔和的茶几，或是瘦长的、可移动的简约茶几，而流线型和简约型的茶几能让空间显得轻松而没有局促感（图5-15）。

（2）颜色合适。茶几与空间的主色调配搭也十分重要。色彩艳丽的布艺沙发可以搭配暗灰色的磨砂金属茶几，或者是淡色的原木小茶几，而红木和真皮沙发，就需要搭配厚重的木质或者石质的茶几了。金属搭配玻璃材质的茶几能给人以明亮感，有扩大空间的视觉效果，而深色系的木质家具，则适合大型古典空间（图5-16）。

（3）功能完善。茶几除了具有美观装饰的功能外，还要承载茶具、小饰品等，因此，也要注意它的承载功能和收纳功能。若空间较小，则可以考虑购买具有收纳功能或具有展开功能的茶几，以根据主人的需要加以调整（图5-17）。

图5-17 功能性茶几

图5-17：现在很多茶几都设计有好几层的隔板，茶几的顶层可以用来放茶具或水果盘等，而下几层可放书和其他东西。

多功能茶几犹如变形金刚，各部分都能伸缩或升降，合理运用颜色和形状的设计，也可以很高端大气。

## 三、儿童房

儿童房间的布置应该是丰富多彩的，针对儿童的性格特点和生理特点，设计的基调应该是简洁明快、生动活泼、富于想象。在色彩上，可以根据不同年龄、性别，采用不同的色调和装饰设计。一般来说，儿童房的色彩应该鲜明、单纯，使用有童趣图案、色彩鲜明的窗帘、床单、被套等（图5-18）。

## 项目五 陈设家具摆放设计

---

### — 补充要点 —

#### 儿童房家具选购要点

儿童房的家具一般较简单,既不需要很多的使用功能,也没有必要追求华丽的外表和丰富的线脚,而应该在造型以及使用的安全性上多加考虑。儿童房要符合儿童的身体尺度,写字台前的椅子最好能调节高度,家具棱角也应尽量免去,应该尽量采用圆角或平滑曲线。质地坚硬和易碎的材料如钢、玻璃等应尽量少用,以防止儿童碰撞受伤。在家具造型上,要有新颖的构思,鲜明的特征,如把床设计成车船的形状,把衣柜柜门设计成门洞的形状,这些都是很好的想法,比较符合儿童的特点。

---

图5-18 儿童房

(a) Hello Kitty造型

(b) 双层儿童床

图5-19 儿童床

图5-18:为了让儿童尽早养成独立生活与处理问题的能力,儿童房间要营造出温馨的氛围,避免儿童在独处时产生恐惧与不安的心理。保证充足的照明,摆放一张舒适的床,并搭配儿童喜欢的床上用品与配饰等,让儿童可以获得充分的休息与放松。

图5-19(a):粉色的公主床,Hello Kitty的造型,房间整体搭配和谐,适合女童。

图5-19(b):双层儿童床,带有滑梯设计,增加了孩子的乐趣,适合有两个儿童的家庭。

#### 1. 床

儿童床要尽量避免棱角的出现,边角要采用圆弧收边。边角用手摸起来要光滑,不能有木刺和金属钉头等危险物。为了防止小孩从床与墙壁之间跌落,床头最好顶着墙,如果床是顺墙摆放,床沿与墙壁之间最好不留缝隙。注意床的用料是否环保。儿童床的材料主要有木材、人造板、塑料、铝合金等,而原木是制造儿童家具的最佳材料,取材天然而又不会产生对人体有害的化学物质(图5-19)。

儿童床的颜色可以根据整个房间的色调来统一,在色彩选择上最好以明亮、轻松、愉悦为选择方向,不妨多点对比色。

#### 2. 书桌

书桌作为儿童房的重要组成部分,在选择时一定要严格要求,材质、安全性等都要考虑周全。

(1)安全性。选购书桌椅,首先要考虑安全性。书桌椅的线条应圆滑流畅,圆形或弧形收边的最好,另外还要有顺畅的开关和细腻的表面处理。带有锐角和表面坚硬、粗糙的书桌椅都要远离孩子。桌子、椅子和柜子都被牢固地安装在墙面上,非常安全,露出来的家具也没有尖锐的地方。

（2）环保性。要求环保无异味，表面的涂层应该具有不褪色和不易刮伤的特点，而且一定要选择使用塑料贴面或其他无害涂料的书桌椅，因为孩子经常要接触这里。环保塑料桌椅，无异味，脚底防滑稳固。桌角采用圆角设计，防止儿童碰撞。桌腿加厚，非常牢固。整体造型小巧可爱，根据儿童身高定制，可爱的黄色与浅粉色和浅蓝色，深受儿童喜爱。

（3）科学性。选儿童书桌椅，也得选择符合人体工程学原理的，书桌椅的尺寸要与孩子的高度、年龄以及体型相结合，这样才有利于他们健康成长（图5-20）。

（4）协调性。作为儿童房的一部分，书桌椅的选择要和房间搭调。0～7岁是孩子们创造力发展的巅峰，最好用大胆明亮的色彩激发他们的好奇心和想象力。

（5）功能性。如果纯粹选儿童书桌椅，不要选择造型过于花哨的，一方面是容易过时，另一方面也容易分散孩子的注意力，使他们不能专注于学习。应选择造型简洁、功能性强的（图5-21）。

图5-21 调节功能桌椅

图5-21：椅子和桌子都带有调节功能，可以适应儿童的身体变化。椅子背部的设计符合腰部和背部的曲线。

## 四、书房

书房是居室中私密性较强的空间，是人们基本居住条件中高层次的要求，它给人提供了一个阅读、书写、工作和密谈的空间，虽然功能较为单一，但对环境的要求却很高。首先要安静，其次要有良好的采光和视觉环境，使人能保持轻松愉快的心情。书房是学习和工作的地方，要求宁静并确保私密性，所以书房一般选择布置在居室中较安静的空间里。书房中的主要家具是写字台、办公椅、书橱和书架（图5-22）。

### 1. 写字台

写字台即书桌，如有条件最好呈L形布局，这样不仅扩大了工作面，堆放各种资料，还能产生一种半包围的形态，使学习区更加幽静。L形的写字台还可用于放置电脑，不影响书写，较为实用。写字台最好书写者的非惯用手一侧靠窗，这样光线就从书写者的非惯用手方照射下来，不会因书写而遮挡光线（图5-23）。

### 2. 书架

书架的放置并没有一定的准则，非固定式书架只要取书方便的场所都可安置；墙壁式书架或吊柜

图5-20 轻巧的桌板

图5-20：轻巧的桌板可以随孩子的需求随意挪动，功能齐全，带有灯架等贴心功能。椅子参照人体工程学来设计，减轻孩子学习的乏累感。

图5-22 书房

图5-23 L形书桌

图5-22：书房区域主要需要的家具有书柜、座椅、电脑桌或者写字台等。这些家具在造型以及色彩上争取选择成套的，可以很好地营造出一种学习以及工作的氛围。

图5-23：L形的书桌适合大多数的角落，只要有墙面，搭上搁架就会是很不错的书房工作区域。此款书桌为橡木材质，经久耐用，颜色清丽，非常百搭。

式书橱如果空间利用较好，也可以与音响装置等组合使用；半身书架靠墙放置时，空出的上半部分墙壁可以配合壁挂等装饰品一起布置；落地式大书架，有时可兼作隔断使用，因为摆满书的书架其隔音性能并不亚于一般砖墙；存放珍贵书籍的书橱应安装玻璃门，可以是推拉式的，也可以是平开式的，应视书房面积大小而定（图5-24）。

## 五、卧室

卧室是完全属于使用者的私密空间，纯粹的卧室是睡眠和更衣的空间，由于每个人的生活习惯不同，读书、看报、看电视、上网、健身、喝茶等行为需求都可在这里得到满足。在装饰设计上要体现生活的需求和个性，高度的私密性和安全感也是主卧室布置的基本要求。家具以简洁、适用、和谐为原则（图5-25）。

图5-24 树形书架

图5-25 卧室

图5-24：树形书架造型时尚，三脚架设计加强稳定性。可自由组合，根据书的数量调整书架大小。

图5-25：床头创造出了视觉中心，其他皆围绕此做搭配。灰色床垫，纯白色床品，简约的床头柜及装饰画都透露出居室的静谧氛围。造型时尚的黑色椅子作为点缀非常恰当。

## 1. 床架

床的主要功能是消除我们的疲倦，好的床垫搭配优质的床架，才能将床的功能完美发挥出来，床架按材质分为木质和金属两种。

（1）木质床架。木质床架取材大自然，透气性极佳，让人倍感舒适温馨。在木材的选择上又可以分为软木和硬木：硬木密度大、质地坚实、色泽较深，是适合长期使用的优良材料；而软木则由于色泽淡雅，符合现代人的审美观，也很受市场欢迎。

（2）金属床架。主要有铜质床架和锻铁床架：铜质床架以其金碧辉煌的外表，华丽的装饰和繁复的工艺，深受广大消费者的喜爱，在市场上曾经一度走红；锻铁床架是一种手工艺品，由于具有冷峻粗糙的质地，再搭配上浪漫的寝饰，更能突显出惬意的浪漫情怀。锻铁床架材质富于延展，经过焊接处理之后，呈现紧密牢固的形体美感（图5-26）。

## 2. 床头柜

一直以来，床头柜都是卧室家具中的小角色，经常是一左一右陪伴、衬托着床。床头柜的功用主要是收纳一些日常用品、放置床头灯。随着床的变化和个性化壁灯的出现，床头柜的装饰作用显得比实用功能更重要了（图5-27）。

## 3. 衣柜

衣柜是卧室装修中必不可少的一部分，它不仅具有较强的收纳功能，而且成为装饰亮点，常见的衣柜形式有以下几种。

（1）推拉门衣柜。推拉门衣柜也称移门衣柜或一字形整体衣柜，可嵌入墙体直接屋顶成为硬装修的一部分。推拉衣柜分为内推拉衣柜和外挂推拉衣柜，内推拉衣柜是将衣柜门置于衣柜内，个体性较强，易融入、较灵活，相对耐用，清洁方便，空间利用率较高。

（2）平开门衣柜。平开门衣柜是靠烟斗合页连接门板和柜体的一种传统开启方式的衣柜，类似于一字形整体衣柜。档次高低主要是看门板用材、五金品质两方面，优点就是比推拉门衣柜要便宜很多，缺点则是比较占用空间。

（3）入墙式衣柜。入墙式衣柜又叫整体衣柜，和传统衣柜相比，入墙式衣柜的空间利用率更高，和整个墙壁融为一体，比较和谐美观，不显突兀。

（4）开放式衣柜。开放式衣柜也可称为开放式衣帽间，属于整体衣柜。开放式衣柜是为满足现代用户需求而设计的，年轻人追求大空间的衣柜，存储功能强大，开放式的结构设计简化了使用，时尚前卫（图5-28）。

图5-26　复古风格床架

图5-26：欧式复古风格，卷曲的花纹与秀美的尖角，带有典雅美。

图5-27　实木床头柜

图5-27：北欧风格的实木收纳柜，非常有气质。白色的柜面与木纹柜体搭配，中和了暗色系的沉重感。

图5-28　开放式衣柜

图5-28：充分借助家中某个空出来的位置，甚至是一个墙面，将衣柜嵌入墙中，减少空间的占用，不全部封闭，整个柜体敞亮开放，里面的衣物明显易见。

## 六、厨房

厨房以橱柜为核心,橱柜的款式每年都在变化,但经典的风格仍具有独特的韵味。不同风格的厨房在设计上别出心裁。

### 1. 古典风格

社会越发展,反而越强化了人们的怀旧心理,这也是古典风格经久不衰的原因,它的典雅尊贵,特有的亲切与沉稳,满足了成功人士的心理追求(图5-29)。

### 2. 乡村风格

将原野的味道引入室内,让家与自然保持持久的对话,都市的喧嚣在这一角落得以沉寂,乡村风格的厨房拉近了人与自然的距离(图5-30)。

### 3. 现代风格

现代风格流行最广泛,每个国家、每个品牌都会适时推出现代风格的款式,现代橱柜由于设计新颖、时代感强而备受推崇(图5-31)。

### 4. 前卫风格

前卫的年轻人追求标新立异。他们在材质上多选择当年最为流行的质地(如玻璃、金属),在巧妙的搭配中传递出时尚的气息(图5-32)。

图5-29:传统的古典风格要求厨房空间很大,U形与岛形是比较适宜的格局。在材质上,实木当然为首选,它的颜色、花纹及特有的质朴为成功人士所推崇。

图5-30:水洗绿、柠檬黄是多年来都流行的色彩,木条的面板纹饰强化了自然的味道,乡村风格的厨房会让生活更加充满闲适自然的味道。

图5-29 古典风格橱柜

图5-30 水洗绿色系橱柜

图5-31:摒弃了华丽的装饰,线条简洁干净,更注重色彩的搭配,这种风格也更容易与其他空间搭配。它不受约束,对装饰材料的要求也不高,这也许正是它广泛流行的原因。

图5-32:红色绝对是设计厨房时的一种有趣的颜色。鲜艳的颜色利于食欲,吊灯和椅子造型前卫。

图5-31 现代风格橱柜

图5-32 红色系橱柜

## 七、餐厅

餐厅是日常进餐并兼作欢宴亲友的活动空间。我国的传统习惯把宴请进餐作为最高礼仪，所以一个良好的就餐环境十分重要。

1. 餐桌

餐厅的餐桌以固定的居多，但有的可以翻动、拉伸，从而扩大使用面积。中餐桌多为方形，或者在桌面上加置圆形台面呈圆桌。如果空间比较宽敞，有专用的就餐场所，就可以采用固定式餐桌；如果房间面积较小，可采用活动式，在餐桌四周加上四块翻板，就餐人多时就可由小方桌变成大圆桌（图5-33）。

2. 装饰酒柜

餐厅的装饰酒柜主要起到储存餐具和装饰空间的作用，一般分为固定式立柜和组合式壁柜两种。另外，古典装饰风格的餐厅应该选择独立式台柜，这样可以衬托出主体装饰形态，不会喧宾夺主，储藏空间也非常到位（图5-34）。

## 八、卫生间

1. 浴缸和淋浴房

浴缸的放置形式有独立式、嵌入式、半下沉式三种：独立式浴缸不需要砌台，其独特造型是厂家制造出来的款式，直接放置在卫生间内。嵌入

图5-33 固定式餐桌

图5-33：黑白照片的应用使餐厅具有了年代感，长桌带有西式风味，花瓶与灯具的选择强调了精致的氛围。一个大型灯具可以完全改变餐厅的外观和感觉。

图5-34 壁挂酒架

图5-34：壁挂酒架比较节省空间，但要注意选择材质结实的酒架。还可以在空位处摆放绿植增加活力。

图5-35 磨砂玻璃淋浴房

图5-35：磨砂玻璃打造朦胧的美感，占地面积小，搭配暖色墙体，使人心情舒畅，给淋浴过程增加乐趣。

（a）中式风格台上盆

（b）椭圆形台上盆

图5-36 面盆

图5-36（a）：中式风格台上盆，结晶釉面晶莹剔透。手工彩绘的傲雪红梅图案，非常雅致。

图5-36（b）：天然石头打磨而成的台上盆，具有粗犷的肌理魅力，自然气息浓厚。

式浴缸的台面可采用同式样的墙砖、马赛克、人造石、大理石等搭配。半下沉式浴缸，即浴缸高度有一半低于地平面标高，这种一般用在一层的公共洗浴空间。淋浴房是现代家庭选择的趋势，新型的淋浴房设备趋向大型化和多功能化（图5-35）。

### 2. 洗脸盆

洗脸盆的功能单纯，造型较自由，形体也可以小一些，洗脸盆的大小主要在于盆口，一般横向宽些，有利于手臂活动。洗脸盆兼作洗发池时，为适应洗发需要，盆口要大而深些，盆底也相对平些（图5-36）。

### 3. 坐便器

坐便器与蹲便器相比更加卫生、美观、适合老年人，容易实现智能化，因此多数家庭会选择坐便器。坐便器的高度对排便的舒适程度影响很大，坐便器坐圈大小和形状也很重要。目前，新型建筑采用横排水的坐便器，座圈带有许多智能化附加功能，如加热、冲洗、烘干（图5-37）。

图5-37 横排水坐便器

图5-37：搁板上绿萝蜿蜒垂下，生意盎然，惹人喜爱，给狭小的空间增添了一丝活力。

# 任务二 办公空间家具摆放设计

办公环境的重要性不言而喻，不论是从提升工作人员的幸福感上，还是提高工作的竞争力上，富有创意的办公空间，总会带来意想不到的效果。随着人们生活水平的不断进步，人们需求的是一个轻松愉快、颜色丰富、健康时髦的充满价值认可的工作环境。

## 一、职员办公家具

职员办公家具主要包括办公桌、办公椅、主管桌、主管椅、职员桌、职员椅、办公沙发、会议桌、会议椅、洽谈桌、洽谈椅、餐桌、折叠桌、前台桌、接待桌、接待椅、办公屏风、办公隔断、多规格文件柜、推柜、吊柜、移门柜、电脑架、培训桌（图5-38）。

## 二、老板办公家具

老板办公家具要大气、稳重、舒适、实用、美观，可根据老板性格或企业性质选择现代时尚风格或复古风格的家具（图5-39）。

图5-38（a）：办公家具的设计应与空间有机地结合起来，合理而高效地使用空间，使空间的效益最大化。

图5-38（b）：办公家具的布置应充分考虑组织架构、人数等，满足各方面的要求。

（a）会议桌　　　　　（b）办公桌椅

图5-38　办公常用的桌椅

图5-39：老板办公室在整体的装修风格上要严格把控，充分展现出企业的形象。老板办公室是公司最高领导的办公场所，不管是从尊重领导的角度出发，还是从彰显企业形象的角度出发，都需要一个相对宽敞的办公环境进行装修设计。

图5-39　老板办公室

# 任务三 商业空间家具摆放设计

商业空间是人类活动空间中极为复杂，且多元的空间类别之一。从广义上可以把商业空间定义为所有与商业活动有关的空间形态。狭义的商业空间也包含了诸多的内容和设计对象。下面简单介绍几类常见商用空间的家具设计。

## 一、服装店

服装店的家具因服装品类不同而变化，但以服装展示柜为主，其次还有收银台、休息凳、隔断换衣间等。儿童服装区还设置有儿童玩具桌，婚纱店则设置有梳妆台（图5-40）。

## 二、酒店

酒店家具一般包括酒店客房家具，酒店大堂家具，酒店餐厅家具，酒店会议家具等。酒店客房的家具与居室家具类似，但功能性较强，根据酒店的主题做相应的改变。酒店大堂则设置有前台、沙发等（图5-41）。

## 三、餐厅

餐厅是人们就餐的场所，餐厅家具从款式、色彩、质地等方面要特别精心地选择。因为，餐厅家具的舒适与否对我们的食欲有很大的影响。餐厅家具主要包括餐桌、餐椅、卡座、沙发、吧凳、吧桌、转盘、餐柜、酒柜、贝贝椅、垃圾柜等。根据行业分类可分为中餐厅家具、西餐厅家具、咖啡厅家具、茶艺馆家具、快餐厅家具、饭店餐桌椅等（图5-42）。

（a）收银台

（b）休息凳

图5-40 服装店

图5-40（a）：服装店家具一般以简约风格为主，服饰的繁多已不能再承担过于冗杂的装饰及家具。

图5-40（b）：简单的家具与装饰是最好的选择，既不会抢了服装设计的风头，还能保有最基本的使用功能。

（a）酒店前台　　　　　　　　　　　　（b）酒店沙发

图5-41　酒店

图5-41（a）：酒店前台作为迎接客人的区域，在陈设设计上需要体现酒店的规格以及风格。高档酒店前台一般会采用大理石柜台搭配浅色瓷砖，凸显其品位。

图5-41（b）：酒店等候区一般会放置多人沙发，满足多人休息、等候的需要。沙发会选择耐脏、耐用的材质。

（a）餐桌椅　　　　　　　　　　　　（b）餐柜

图5-42　餐厅

图5-42（a）：在餐厅空间较小的情况下，折叠起不用的餐桌椅，可有效地节省空间。过大的餐桌将使餐厅空间显得拥挤。

图5-42（b）：餐饮柜用以存放部分餐具、用品（如酒杯、起盖器等）、酒、饮料、餐巾纸等就餐辅助用品。还可以考虑设置临时存放食品的用具，如饭锅、饮料罐等。

## 四、咖啡厅

咖啡厅家具主要包括餐桌、餐椅、卡座、吧台、吧凳。这些是我们在咖啡厅最为常见的。餐柜、酒柜、垃圾柜这些是比较少见的，一般都不会摆放在明显的位置（图5-43）。

图5-43：在选择咖啡厅家具的时候无论是款式还是色彩都需要精挑细选。目前最常用的咖啡厅餐桌有方桌和圆桌两种，咖啡厅家具布局和摆放对咖啡厅的整体空间结构而言非常关键，方桌相对更节省空间。

图5-43 咖啡厅

## 任务四　小型景观家具摆放设计

小型景观家具主要有庭院桌椅、花园桌椅、沙滩椅、秋千、吊篮等半固定或可移动的家具设施。家具会给我们带来很多便利与舒适，但是需考虑户外的环境。在家具选择上，从功能需要出发，选择对应的家具，颜色方面也要注意与铺装和植物搭配起来，整体环境更为协调统一（图5-44）。

（a）景观沙发　　　　　　（b）景观平台　　　　　　（c）铸铝桌椅

图5-44　小型景观家具

图5-44（a）：在小型景观中度过闲暇时间，躺在沙发上享受着迎面的微风，捧一本书，抿一口茶，十分惬意悠然。

图5-44（b）：在小型景观场地中，将一处地台升高，搭配木色家具与绿植，使环境富有层次感。

图5-44（c）：虽然户外家具一般都经过了特殊的防腐、防晒等处理，但在高温多雨的夏季，长时间的暴晒和雨淋，它们也更容易受到伤害，导致腐烂和开裂，要注意多加防护。

# 任务五　生态主题空间项目案例

该餐厅具有浓浓的农家风味，朴实自然的气息给人很强的亲切感，能让人回忆起童年时的趣事。餐厅软装饰在造型上常常以"大统一、小变化"为原则，协调统一、多样而不杂乱。在直线构成的餐厅空间中故意安排曲线形态的陈设或带有曲线图案的软装，使用形态对比产生变化（图5-45~图5-50）。

图5-45　农家风味餐厅

图5-45：餐厅的软装饰要能表达一定的思想内涵和精神文化，才能给客人留下深刻的印象。该餐厅以农家菜为特色，在软装饰方面尽显其风味。墙壁的大蒜本为食材，不同颜色的大蒜头串在一起，并列挂在墙上，竟也成了一道亮丽的景色。

图5-46　乡村文化氛围

图5-46：采用有一定体量的造型雕塑或者是现代陶艺作品作为软装饰，在餐厅软装饰设计中也很常见，这些软装饰不仅提高了环境的品位和层次，还创造了一种文化氛围。

图5-47　玉米串

图5-47：玉米穿成一串挂在墙上，令人想起丰收的秋季。树下的木质桌椅看似随意摆放，实则有一定的规律。农家氛围的营造，让人感觉仿佛正坐在乡村田野间用餐一般。

图5-48　旧报纸

图5-48：墙上的旧报纸使餐厅散发出充满年代感的气息。盘子被独具创意地粘贴在墙上，并且花纹采用中国传统的青花，营造了一种浓浓的文化气息。

图5-49 酒坛

图5-50 暖色灯光

图5-49：原木上摆放的做旧的酒坛，散发着独特的农家气息，使以整根原木垒砌而成的墙面有了温度。别具一格的中国传统碎花沙发，实为整个餐厅中的一点红，为餐厅的古朴氛围增加点缀。

图5-50：灯具为藤蔓编织而成，自然的材质更加符合餐厅的主题。色彩是营造室内气氛最生动、活跃的因素，暖色的灯光可以增强人的食欲，令人舒适惬意。

## 项目小结

家具既是物质产品，又是艺术作品。家具是由材料、结构、外观、功能四种因素作品。家具的类型、数量、功能、形式、风格和制作水平以及当时的市场占有情况，反映了一个国家与地区在某一历史时期的社会生活方式、物质文明水平、历史文化特征。家具的款式、陈设布置、软装搭配堪称神奇的化妆术，对设计者来讲，也是审美品味的检验。

**课后练习**

1. 床架有哪几种类型？
2. 儿童房的软装设计要注重哪些细节？
3. 课后查阅相关资料，对比我国户外家具与外国户外家具的区别。
4. 简述老人房、儿童房、游戏房的软装设计要点，包括其中的家具、陈设等。
5. 探讨开放式厨房与传统厨房的区别，陈述其优缺点。
6. 除文中所述家具，简述客厅、卧室、卫生间、门厅玄关的其他家具（作业数量：1份。将分析内容及查找相关案例整合成Word，之后进行介绍与分享。建议完成课时：6课时）。
7. 创新是一个民族进步的灵魂，是一个国家兴旺发达的不竭动力，也是最深沉的民族禀赋。而在陈设设计中，家具以及软装饰的创新性设计对于设计师而言是至关重要的。请查阅相关网站、图书，收集近几年国内外优秀的室内陈设家具创新案例。

# 项目六 布艺软装设计

**学习目标：** 了解布艺对室内空间情调的影响，掌握常见布艺的风格特点，能将自己生活的空间用布艺装饰得更温馨，并产生新的艺术效果

**重点概念：** 窗帘、抱枕、床品

## ◀ 项目导读

布艺在现代家庭中越来越受到人们的青睐，如果说家庭使用功能的装修为"硬饰"，那么布艺就可以称为"软饰"，在家居空间中独具魅力，它柔化了室内空间生硬的线条，赋予居室一种温馨的格调，它对于家居氛围的塑造具有重要作用。布艺软装采用的元素比较广泛，让它跟很多不同风格的家居都可以搭配，带来完全不同的感觉（图6-1）。

图6-1：不同的布艺有不同的特色，无法简单地用欧式、中式或是其他风格来概括，各种风格互相借鉴、融合，赋予了布艺灵活多变的性格。

图6-1 布艺风格选择

## 任务一 布艺软装基础

布艺的色彩和材质都是非常丰富的，所以它的装饰效果可以非常突出，布艺也会表达出居住者的个人爱好及品味，所以布艺在家居陈设中的作用是非常重要的。

## 一、布艺概念

室内布艺包括窗帘、地毯、枕套、床罩、椅垫、靠垫、沙发套、台布、壁布、毛巾等，无论大小，凡是以布为主要材料进行加工制造的装饰产品都属于布艺饰品（图6-2）。

在家居陈设中，布艺拥有柔软灵活的曲线，所以会使空间变得温馨，同时它可以通过材料的质感以及图案来强化我们所要表达的风格，也能够体现出不同地域特色，营造出我们想要的氛围（图6-3）。

## 二、布艺功能

布艺在软装饰中还有吸音、隔断、保护隐私等功能，柔化空间效果，丰富和协调其他配饰元素，掩盖房间格局硬伤等（图6-4）。

图6-2 布艺软装

图6-2：明黄色被应用到窗帘、沙发、地毯上，充满活力的颜色使得空间更加充满热情。

图6-3 温馨的氛围

图6-3：清爽的颜色适合春夏季，白色的纱质窗帘满足卧室透光的要求，蓝色的遮光窗帘保护了卧室的隐私。灰色系床品淡雅又充满质感，浅蓝色的沙发给人清丽之感，几何纹的地毯在空间中具有异域风情。

图6-4：深绿色的布艺沙发作为客厅的视觉中心，给人眼前一亮的感觉，搭配白色簇绒地毯，非常温馨。

图6-4 布艺沙发

# 任务二 壁毯与地毯

壁毯与地毯都是作为室内空间中对墙面或地面进行装饰的一种布艺。在国外，手工壁毯、地毯因价格昂贵大多出现在富贵人家中。随着科技发展，地毯智能化编织的出现和材质的多样化，地毯、壁毯慢慢走进普通家庭，作为软装饰来丰富室内环境。

## 一、壁毯

壁毯是挂在墙壁、廊柱上作装饰用的地毯类工艺品，随着人们对家装要求越来越高，壁毯也被广泛应用在家庭装修里面，用来提高家居装饰档次（图6-5）。

## 二、地毯

### 1. 羊毛地毯

羊毛地毯泛指以羊毛为主要原材料编制的地毯，是地毯中的高档产品，一般用在高级宾馆、酒店、会客厅、接待室、别墅、国家场馆等高级场所。在家装中，也因为柔软的质地受到大家的欢迎。根据制作工艺的不同，纯羊毛地毯分手织、机织和无纺三种（图6-6）。

### 2. 纯棉地毯

纯棉地毯分很多种，有平织的、纺线的，时下非常流行的是雪尼尔簇绒地毯，性价比较高，脚感柔软舒适，装饰效果突出，便于清洁，可以直接放入洗衣机清洗（图6-7）。

### 3. 化学纤维地毯

化学纤维地毯简称化纤地毯，也称为合成纤维地毯，主要有两种。一种是以锦纶、涤纶、丙纶、腈纶为原料，用簇绒法或机织法加工成纤维的面层，再与麻布的底缝合在一起。这种地毯价格便宜，耐磨、防燃、防虫蛀、染色等性能比较好，而

（a）几何图案壁毯　　　　（b）波纹风格壁毯　　　　（c）河流图案壁毯

图6-5　壁毯

图6-5（a）：壁毯最好能跟房间的某个细节相呼应，如色彩、形状、质地等，这样会达到意想不到的效果。

图6-5（b）：卧房大多采用柔和的暖色调的挂毯或壁毯，可以很好地烘托出卧室温馨的家居气氛。

图6-5（c）：现代家装风格的室内，整体以白色为主，壁毯则多以鲜亮、活泼的颜色为主。浓郁的色彩比较适合走廊的尽头或者大面积空置的墙面，可以很好地吸引人的视线，起到装饰效果。

（a）机织羊毛地毯　　　　　　（b）毯面颜色是否协调

图6-6　羊毛地毯

图6-6（a）：羊毛地毯价格相对偏高，容易发霉或被虫蛀，家庭使用一般选用小块羊毛地毯进行局部铺设。

图6-6（b）：挑选地毯时，看毯面的颜色。把地毯平铺在光线明亮处，观看全毯颜色是否协调，染色也应均匀，不可有变色和异色之处，忌忽浓忽淡。

（a）印度风格手工全棉地毯　　　　　　（b）雪尼尔簇绒地毯

图6-7　纯棉地毯

图6-7（a）：印度风格手工全棉地毯，橘红色、大地色、天蓝色都能为家里增添一丝活力。

图6-7（b）：全棉的雪尼尔簇绒地毯，非常柔软。因其强大的吸水性，一般会在卫生间门口放置。

且还可以模仿天然毛纺物的手感。另一种是化纤与纯羊毛混纺地毯，这种地毯耐磨性比纯毛地毯好很多，而且脚感也与纯毛地毯很接近，还克服了化纤地毯的静电吸尘、纯毛地毯易腐蚀等缺点（图6-8）。

### 4. 塑料地毯

塑料地毯又称为橡胶地毯，是采用聚氯乙烯树脂、增塑剂等多种材料，经均匀混炼、塑制而成，它可以代替纯毛地毯和合成纤维地毯使用（图6-9）。

### 5. 草编地毯

草编地毯是利用各种柔韧草本植物为原料加工编制的地毯（图6-10）。

图6-8　合成纤维地毯

图6-8：合成纤维地毯外观与手感类似羊毛地毯，耐磨而富弹性，具有防污、防虫蛀等特点，价格低于其他材质地毯。合成纤维地毯表面有毛丝，可以用作室内防滑地毯，而且当鞋子摩擦地毯后，地毯产生了静电，可以吸附鞋子上的灰尘。

图6-9　塑料地毯

图6-9：大部分塑料地毯的抗腐蚀能力强，不与酸、碱反应，耐用，成本低，容易被塑制成不同形状，是良好的绝缘体。塑料地毯适用于宾馆、商场、舞台、住宅，也可用于浴室，起到防滑作用。

图6-10　草编地毯

图6-10：水草编织而成，有着自然气息，感觉清新凉爽，环保健康，无污染。草编地毯防滑，经济实用，美观大方。

# 任务三　窗帘类型与搭配

窗帘布艺是我们日常生活中较为常见的家居软装，现如今其材质与种类都是非常丰富的。同时，窗帘也可对室内环境进行补充与美化，可以更好地凸显室内空间的风格。

## 一、窗帘种类

### 1. 百叶式窗帘

百叶式窗帘有水平式和垂直式两种，水平百叶式窗帘由横向板条组成，只要稍微改变一下板条的旋转角度，就能改变采光与通风。板条有木质、钢质、纸质、铝合金和塑料等材质（图6-11）。

### 2. 卷筒式窗帘

卷筒式窗帘的特点是不占地方、简洁素雅、开关自如。这种窗帘有多种形式，有通过链条或电动

图6-11　百叶式窗帘

图6-11：扇形百叶窗，也称罗马帘，具有欧式风味。蕾丝绣花工艺使拉上的窗帘非常靓丽。

机升降的产品，也有家用的小型弹簧式卷筒窗帘，可手拉开合［图6-12（a）］。

### 3. 折叠式窗帘

折叠式窗帘的机械构造与卷筒式窗帘差不多，一拉即下降，所不同的是第二次拉的时候，窗帘并不像卷筒式窗帘那样完全缩进卷筒内，而是从下面一段段打褶后升上来［图6-12（b）］。

### 4. 垂挂式窗帘

垂挂式窗帘的组成最复杂，由窗帘轨道、装饰挂帘杆、窗帘楣幔、窗帘、吊件、窗帘缨和配饰五金件等组成。这种窗帘可以选用不同的织物面料，但已渐渐被无窗帘盒的套管式窗帘所替代。此外，用垂挂式窗帘的窗帘缨束围成的帷幕形式也成为一种流行的装饰形式（图6-13）。

（a）卷筒式窗帘

（b）折叠式窗帘

图6-12　垂直开合窗帘

图6-12（a）：材质为竹子，既遮强光又能通风透气。深沉的颜色在夏季带来凉意，适合多种场所。

图6-12（b）：细碎的桃红色小花与青绿色结合，格子纹理细腻别致。与居室整体的田园风格搭配一致。

（a）欧式风格垂挂式窗帘

（b）蓝白色窗帘

图6-13（a）：欧式风格给人的感觉是端庄典雅、高贵华丽，具有浓厚的文化气息，窗帘大多以奢华大气的花纹为主。

图6-13（b）：蓝色与白色的结合，内敛而含蓄，对于身处喧嚣都市的人来说，或许可以找回一份宁静。

图6-13　垂挂式窗帘

## 二、窗帘颜色搭配

窗帘在空间中占有较大面积,因此选择时要与室内的墙面、地面及陈设物的色调相匹配,以便形成统一和谐的环境(图6-14)。

## 三、窗帘材质选择

目前,窗帘的材质主要有棉、丝、绸、尼龙、纱、塑料、铝合金等。选择窗帘的材质,应考虑房间的功能,如浴室、厨房就要选择实用性比较强且容易洗涤的布料,而且风格力求简单流畅(图6-15)。

图6-14(a):深蓝色与白色相间的窗帘,与浅蓝色沙发呼应,给人静谧的感受。蓝色可以与高级灰一起营造高贵优雅的氛围。调性的叠加,使空间更加迷人。

图6-14(b):浅灰色的墙壁,白色的床品与沙发,搭配小清新风格的窗帘,素净舒适。窗帘跟着靠垫走是最安全的选择,不一定要完全一致,只要颜色呼应。

(a)深蓝色与白色相间的窗帘

(b)小清新风格窗帘

图6-14 窗帘颜色搭配

(a)绸缎窗帘

(b)棉麻窗帘

(c)纱织窗帘

图6-15 窗帘材质

图6-15(a):绸缎窗帘一直以豪华富丽著称,目前多用于别墅、高档会所中心等空间。

图6-15(b):卧室的窗帘要求厚实、温馨、安全,以保证生活隐私性及睡眠安逸,使用棉麻窗帘较为合适。

图6-15(c):纱织窗帘要透光性好,采用淡雅的色彩,使人心情平稳,有利于工作学习,多用于书房。

## 四、窗帘图案与大小选择

窗帘图案主要有抽象型和具象型两种。但都不宜过于琐碎,要考虑打褶后的效果。高大的房间宜选横向花纹,低矮的房间宜选用竖向花纹。不同年龄段的人爱好不同,客厅窗帘颜色花样应适中,年轻人房间窗帘花样以奔放开阔为主;老人房间窗帘花样以安逸为主。窗帘的宽度要根据窗子的宽窄来定,与墙壁大小相协调。较窄的窗户应选择较宽的窗帘,以挡住两侧好似多余的墙面(图6-16)。

 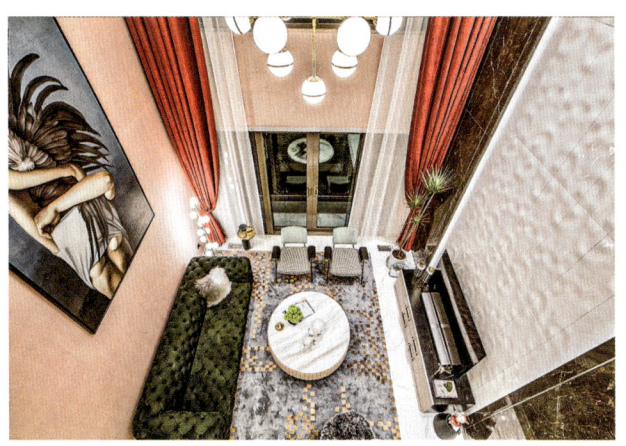

(a)咖啡色格子图案窗帘　　　　　　(b)别墅窗帘长度

图6-16　窗帘图案

图6-16(a):深沉的咖啡色格子图案非常低调含蓄,适合中年人使用,能让人沉心静气,安置在书房能让人享受独处工作时的宁静淡然。

图6-16(b):别墅常常具备巨大的落地窗,此时窗帘长度要能覆盖到整体窗户,给人气势恢宏的感觉。

# 任务四　抱枕与床品选择

抱枕、床品作为住宅空间最为常见的布艺陈设,不仅满足人们在住宅空间中休憩、睡觉的功能需求,并且在住宅空间环境中起到了装饰作用。

## 一、抱枕

抱枕是常见的家居小物品,在软装中往往有意想不到的作用。

### 1. 形状类型

抱枕的形状非常丰富,有方形、圆形、长方形、三角形等,根据不同的使用需求,如沙发、睡床、休闲椅或餐椅,抱枕的造型和摆放要求也有所不同。

(1)方形抱枕。方形抱枕适合放在单人椅上,或与其他抱枕组合摆放,注意搭配时色彩和花纹与周围环境的协调度(图6-17)。

(2)长方形抱枕。长方形抱枕一般用于宽大

（a）民族风格抱枕　　　　　（b）素色抱枕　　　　　（c）丝绸材质抱枕

图6-17　方形抱枕

图6-17（a）：民族风格抱枕，给人亲切的感觉，适合在居室中作为点缀装饰。

图6-17（b）：棉麻材质素色抱枕，同一色系不会显得杂乱，摆放在沙发上错落别致。

图6-17（c）：丝绸材质抱枕，绣有花鸟图案，颜色淡雅，适合新中式风格空间使用。

的扶手椅，在欧式和美式风格中较为常见，也可以与其他类型抱枕组合使用。

（3）圆形抱枕。圆形抱枕造型有趣，作为点缀抱枕比较合适，能够突出主题。造型上还有椭圆等立体的卡通造型抱枕。

（4）其他造型。抱枕造型丰富，还有各种玩偶造型或是装饰品造型，甚至还可以根据自身需要定做（表6-1）。

表6-1　　　　　　　　　　多样的趣味抱枕

| 动物造型 | 卡通造型 | 食物造型 |
| --- | --- | --- |
|  |  |  |
|  |  |  |

续表

| 动物造型 | 卡通造型 | 食物造型 |
|---|---|---|
|  | | |

## 2. 摆设原则

（1）对称法摆设。将几个不同的抱枕堆叠在一起，会让人觉得很拥挤、凌乱。最简单的方法便是将它们对称摆放，这样可以给人整齐有序的感觉。具体摆放时根据沙发的大小又可以分为"1+1""2+2"或者是"3+3"。注意摆设时除了数量和大小，在色彩和款式上也应该尽量选择对称（图6-18）。

（2）不对称法摆设。可以选择两种更具个性的不对称摆法：一种是"3+1"摆放，即在沙发的一侧摆放三个抱枕，另一侧摆放一个抱枕[图6-19（a）]。

另一种不对称摆放方案是"3+0"，如果家中的沙发是古典贵妃椅造型或者沙发的规格比较小，那么这种摆放方法是非常不错的选择[图6-19（b）]。

（3）远大近小法摆设。远大近小是指越靠近沙发中部，摆放的抱枕应越小。这是因为从视觉效果来看，离视线越远，物体看起来越小，反之，物体看起来越大。从实用角度来说，大尺寸抱枕放在沙发两侧边角处，可以解决沙发两侧坐感欠佳的问题（图6-20）。

（4）里大外小法摆设。有的沙发座位进深比较深，这个时候抱枕常常被拿来垫背。如果遇到这

图6-18　对称法摆设

（a）"3+1"摆放

（b）"3+0"摆放

图6-19　不对称法摆设

图6-18：把几个不同的抱枕堆叠在一起，会让人觉得很拥挤。大多数人都喜欢对称放置的软装设计，因为这样给人的感觉是整齐有序。

图6-19（a）：这种组合方式看起来比对称的摆放更富有变化。但需要注意的是，"3+1"中的"1"要和"3"中的某个抱枕的大小款式保持一致，以实现沙发的视觉平衡。

图6-19（b）：人们总是习惯性地第一时间把目光的焦点放在右边，因此3个抱枕集中摆放时，最好都摆在沙发的右侧。

种情况，通常需要由里至外摆放几层抱枕，布置时应遵循里大外小的原则。如此一来，整个沙发区看起来不仅层次分明，而且最大限度地照顾到了使用的舒适性（图6-21）。

## 二、床品

### 1. 床罩

用床罩遮盖床能使卧室简洁美观。床罩的面料可选印花棉布，色织条格布、提花呢、印花软缎等。要注意床罩所选面料不宜太薄，网眼不宜过大，图案和色彩应与墙面和窗帘相协调。床罩是平铺覆盖在被子上的，在选择床罩时要根据床的大小和式样来决定，按照床的高度，以垂至离地约为100mm为宜（图6-22）。

（a）大抱枕放在沙发左右两端

（b）小抱枕放在中间

图6-20　远大近小法摆设

图6-21　里大外小法摆设

图6-20（a）：将大抱枕放在沙发左右两端，小抱枕放在沙发中间，视觉上给人的感觉会更舒适。

图6-20（b）：将小抱枕放在中间，则是为了避免占据太大的沙发空间，让人感觉只能坐在沙发边缘。

图6-21：整体软装风格为东南亚风格，藤制桌椅的运用，要求其布艺也相对偏向自然风。大地色系列的条纹小枕，搭配酒红色大抱枕，层次分明，风格一致，充满了的自然气息。

图6-22（a）：带有韩式风格的蕾丝花边深得女孩子的喜爱，清丽的抹茶色，飘逸的裙摆给人纯真的美梦。

图6-22（b）：欧式风格床罩，肌理感强烈。宝蓝色给人奢华的质感，蕾丝刺绣工艺给人精致感。

（a）韩式风格床罩　　　　　　　　　　　　　　　　　　（b）欧式风格床罩

图6-22　床罩

## 2. 床单

床单是枕巾、被子的背景，而居室的墙面和地面又是床单的背景。床单应该选择淡雅一些的图案。近年来自然色更显时尚，如沙土色、灰色、白色和绿色等，包括床单、被套、枕套、床罩在内的多件套颜色基本一致，而全套床上用品有时不可能全部换洗，这就给自由搭配提供了空间（图6-23）。

## 3. 被套

被套一般选用纯棉材料，因为被套和人的肌肤贴近，而纯棉制品吸汗、透气（图6-24）。

## 4. 枕套

枕套是保持枕头清洁卫生不可缺少的床上织物，也是床上装饰物品之一，它的面料以轻柔为好。枕套的色彩、质地、图案等应与床单相同或近似。枕套的种类很多，有网扣、绣花、挑花、提花、补花、拼布等，一般根据其他床上用品的选择配套布置（图6-25）。

图6-23（a）：白色的床单与灰色的窗帘搭配出了极简的风格，素色的运用给人低调朴实的感觉。

图6-23（b）：星星图案的床单带有一丝童趣，结合姜黄色的窗帘与椅子，使得居室充满了活力。

（a）极简风格床单　　　　　　　　　　　　　　　　（b）星星图案床单

图6-23　床单

图6-24（a）：明黄色的被套与飘窗上的明黄色小抱枕呼应，不会显得单一。米色和灰色作为配色，很完美。

图6-24（b）：粉红色的床品总是让人想到公主风，但是抛去蕾丝边，其淡淡的粉色甜美又不过分。

（a）明黄色被套　　　　　　　　　　　　　　　　（b）粉红色被套

图6-24　被罩

（a）公主风枕套　　　　　　　　（b）北欧风格枕套　　　　　　　　（c）宝蓝色枕套

图6-25　枕套

图6-25（a）：全棉材质，公主风褶皱边设计，纯白色的枕套，给人梦幻感。

图6-25（b）：藕粉色的格子枕套，散发着北欧风格，时尚大方，简约不失格调。

图6-25（c）：丝绸质地的宝蓝色枕套，给人浪漫华丽的感觉。

# 任务五　酒店空间软装项目案例

　　酒店作为商业场所，以其高级优雅的软装质感给人独特的享受。其存在价值在于商业利益，追求利润最大化。酒店软装设计的目的也是通过优质的酒店软装设计效果增加酒店自身的魅力，作为一张免费的"名片"，吸引客人初次或再次光顾，增加收入（图6-26～图6-29）。

图6-26　泰国曼谷香格里拉酒店　　　　　　图6-27　泰国风格客房

图6-26：该酒店外，设有舒适的桌椅及特色小吃，绿植与灯光在夜色下相互辉映，加上浪漫的湖景，令人得到非凡的感官体验。

图6-27：房间以传统泰国风格为主，以丝绸与柚木进行装饰。

图6-28 浴室

图6-29 纽约风格与现代风情客房

图6-28：整体灯光采用暖色调，很符合空间功能特征。蜡烛与鲜花，独具浪漫的泳池引人注目。家具线条流畅，墙面自然纹饰，浮夸却不过度。

图6-29：酒店客房，将现代风情及舒适性完美融合，给人留下深刻的印象。配备高品质的家具和设施，可满足最为挑剔的住客需求：墙面铺就丝织品，与泰国寺庙中的花形图案有异曲同工之妙；床褥铺以经纬密度为300的埃及棉床单；办公桌则给人以路易十四时代的复古感。

## 项目小结

在家居陈设中，布艺拥有柔软灵活的曲线，所以会使空间变得温馨，同时它可以通过材料的质感以及图案来强化我们所要表达的风格。布艺的色彩和材质都是非常丰富的，所以它的装饰效果可以非常突出，布艺也会表达出居住者的个人爱好及品味，所以布艺在家居陈设中的作用是非常重要而不可忽视的。

**课后练习**

1. 卧室有哪些布艺装饰？
2. 总结一下不同地毯的装饰作用。
3. 课后查阅相关资料，比较我国与外国布艺发展的情况，简述其区别。
4. 布艺在软装设计中有什么作用？
5. 观察生活中的卫生间、餐厅等区域，思考其空间有哪些布艺装饰？
6. 选择一种风格，尝试自己设计一套关于布艺的装饰方案，如颜色的选择、材质的搭配（作业数量：1份。制作PPT，展示设计内容与设计想法。建议完成课时：4课时）。
7. 中国作为多民族国家，每一民族所传承的历史文化都是极为珍贵的。随着我国文化自信的不断增强，新一代设计师逐步将民族文化融入软装设计中，请查阅我国具有民族特色的软装设计案例并进行逐一分析。

# 项目七 绿植花艺设计

**学习目标**：了解几种常见花卉、花器对空间艺术风格的影响，掌握几种常用插花技巧

**重点概念**：花艺、花瓶、绿植

## ◁ 项目导读

花艺布置是利用各种适合在室内栽植的花卉，通过艺术手段进行布置，从而美化环境的方法。室内花艺布置是一项具有较高美学价值和科学性的艺术创作。花艺布置不是植物材料的简单摆放，而是在满足植物的生态习性需求的基础上，充分发挥美学创作艺术，在居室内布置出美丽、优雅、舒适的环境（图7-1）。

图7-1：环境居室的一切布置装饰都应体现业主的喜好和品位，花艺布置作为室内装饰的一项内容，也不例外，应考虑业主的年龄、职业、性格等特点。如果居室的业主是老人，植物材料选择上应素雅而庄重。

图7-1　花艺选择及摆放

## 任务一　花艺装饰功能

花艺是通过鲜花、绿色植物和其他仿真花卉等对室内空间进行点缀，使家居设计能够满足人们的审美追求。花艺装饰是一门不折不扣的综合性艺术，其质感、色彩的选择对室内的整体环境影响较大（图7-2）。

项目七
绿植花艺设计

图7-2：花艺可为生活增添情趣，好的花艺设计可以给空间环境带来美好的气息、净化人的心灵。如果软装是一篇文章，那么花艺就是点睛之笔。

图7-2 家居花艺

## 一、塑造个性

将花艺的色彩、造型、摆设方式与家居空间及业主的气质品位相融合，可以使空间或优雅，或简约，或混搭，风格变化多样，极具个性，激发人们对美好生活的追求（图7-3）。

## 二、增添生机

在快节奏的城市生活环境中，人们很难享受到大自然带来的宁静、清爽，而花卉的使用，能够让人们在室内空间环境中，贴近自然，放松身心，享受宁静，舒缓心理压力，消除紧张的工作所带来的疲惫感（图7-4）。

（a）郁郁葱葱的蓝紫花艺

（b）彩色鲜花

（c）多彩郁金香

图7-3 花艺的个性

图7-3（a）：极具个性特色的木质桌台，浅蓝瓷器与窗帘呼应，郁郁葱葱的花艺使得画面均衡柔和。

图7-3（b）：彩色的鲜花里插入金色仿真花，突出却不突兀，与整体环境融合。

图7-3（c）：多彩郁金香、粉系风信子与素雅容器、浅色系空间相得益彰，起到了很好的点缀作用。

图7-4（a）：舒适的懒人沙发倚在墙角，书籍与窗台的小绿植，营造了闲适的午后氛围。阳光下的绿植更加光彩照人。

图7-4（b）：餐厅本就应该活力十足，让人食欲大开。层叠的红色果实作为装饰，加上绿植在灯光下的影影绰绰，氛围十足。

（a）窗台小绿植　　　　　　　　　　　　　　　　（b）层叠的红色果实

图7-4　花艺对空间的点缀

## 三、分隔空间

在装饰过程中，利用花艺的摆设来规划室内空间，具有很大的灵活性和可控性，可提高空间利用率。花艺的分隔还能体现出平淡、含蓄、单纯、空灵之美，花艺的线条、造型可增强空间的立体感（图7-5）。

图7-5：墙角转折处放一把沙发椅会显得突兀，旁边没有遮挡的物体也会让人没有安全感。一把小茶几，搭配一颗小绿植，太过清淡。落地的大绿植笼罩出的空间，让人仿佛置身于自然世界一般。

图7-5　利用花艺分隔空间

# 任务二　花器种类与选择方法

花器虽然没有鲜花的娇艳与美丽，但美丽的鲜花如果少了花器的陪衬必定逊色许多。在家居装饰中，花器的种类很多，甚至会让人挑花眼。

## 一、花器种类

花器从材质上来看，有玻璃、陶瓷、树脂、金属、草编等，各种材质的花器又拥有独特的造型，适合搭配不同的花卉（图7-6）。

（a）彩色水泥花器

（b）手工陶艺花器

图7-6（a）：把不同色泽的矿物岩石搅拌成细碎的颗粒混合在彩色水泥之中，带来更丰富的色彩感受，既现代又不失时髦文艺范，更富有变化和生命力。大胆直接的几何形体结合粗犷的肌理，给人质朴的感受。

图7-6（b）：手工陶艺花器，做旧的工艺，带有复古气息。搭配一枝干枯的绣球，岁月的沉淀感扑面而来。

图7-6（c）：草编的花篮具有田园气息，轻盈的质感适合放在许多地方，相对安全。搭配小石榴非常可爱。

图7-6（d）：灵感来源于古典高脚杯，铁皮制造，花纹装饰，带来古老的气息。无论是搭配干花还是鲜花都能独具韵味。

（c）草编的花篮

（d）铁艺花器

图7-6 花器

### - 补充要点 -

#### 如何选择花器

挑选花器也要根据一定的原则，可从花枝的长短、花朵的大小、花的颜色几方面来考虑。花枝较短的适合与矮小的花器搭配，花枝较长的适合与细长或高大的花器搭配。花朵较小的适合与瓶口较小的花器搭配，瓶口较大的花器应选择花朵较大的花或一簇花朵集中的花束。玻璃花器适合与各种颜色的花搭配，陶瓷花器不适合与颜色较浅的花搭配。

## 二、花器搭配方法

在花器的选择上，如果家里的装饰已经比较纷繁多样，可以选择造型、图案比较简单，也不反光的花器，如原木色陶土盆、黑色或白色陶瓷盆等，也更能突出花艺，让花艺成为主角。如果想要装饰性比较强的花器，则要充分考虑整体的风格、色彩搭配等问题。

## 1. 花器与花

花卉的种类、颜色以及大小不同，对花器的要求也会随之发生变化（图7-7）。

## 2. 花器与颜色

无论花器质感如何，大小形状如何，花器本身的颜色是最直观的。结合家居软装的颜色，推荐尝试邻近色搭配法，比如红色和橘色，同类色比如草绿和橄榄绿，互补色比如黄色和紫色，带给人完全不同的视觉表达（图7-8）。

（a）异型花瓶

（b）北欧花瓶

（c）窄口花瓶

（d）分色釉花瓶

（e）浮云瓶

（f）小型花瓶

（g）布袋造型花瓶

（h）原木花器

图7-7 花器与花

图7-7（a）：只要是花枝高度与花瓶高度相匹配，都可以用柱形的花瓶。一整束的百合或是尤加利，稍稍修剪下根部，去掉下部杂叶，就可以直接放在花瓶里了。

图7-7（b）：北欧花瓶，口径较大，可以容纳比较多花草，适合插团状、发散状花材，不适合线条造型。若是觉得广口会让枝条太散，也可以在花瓶中放一些好看的石头来稳固。

图7-7（c）：如果平时不经常买花，窄口花瓶最合适，简简单单的四五枝，或者荷兰木绣球，都可以放在这样的窄口花瓶里，干净利落。

图7-7（d）：手工上下分色上釉，高低搭配更有层次感。瓶身本身就很漂亮，只要搭配一两枝小花就能衬托出效果，简约、现代、日式风的装饰风格都可以混搭。

图7-7（e）：浮云瓶，蓝色絮状艺术效果夹在晶体中，表面磨砂处理，让人仿佛置身于云端。

图7-7（f）：小型花瓶反倒更像是装饰，摆在那里就很好看，小小的，放在桌上还不占空间。一根蕨类植物，一小枝雏菊，都可以插在小型花瓶中，成为书桌上的景色。

图7-7（g）：布袋造型的陶瓷花器，非常新颖。打破了花器一直以来给人的坚硬感觉，布袋造型带给人柔和感，仿佛刚采摘的花卉一般，适合搭配带有果实的花卉和小绿植。

图7-7（h）：原木手工制作而成的花器，材质特殊，自然朴实，但要注意防水，适合搭配木枝和干花。

(a)透明玻璃杯　　　　　　（b）陶瓷花盆

(c)窄口瓶　　　　　　（d）紫色花瓶

图7-8（a）：一只小小的透明玻璃杯，也能在应急时作为花器使用。餐桌上搭配两朵艳丽的非洲菊，让食物变得更加诱人。

图7-8（b）：家具饰品都表现出典型的新中式风格，此时搭配的花器一定要素雅，不可影响整体静谧的氛围。浅蓝色与褐色结合的陶瓷花盆，完美地融入了氛围中，中式插花也被衬托得更加优美。

图7-8（c）：长颈窄口瓶如天鹅颈一般优雅，轻透的蓝色与窗帘相呼应，蓝白色系的整体装修风格，搭配一枝简单的蕨类植物很素净。

图7-8（d）：撞色系软装设计，颜色搭配一定要小心，避免过于混乱。紫色花瓶与黄色系家具搭配完美，整体风格显得靓丽多姿。

图7-8　花器与颜色

## 任务三　绿植与花艺布置技巧

花艺能够改善人们的生活环境，但在具体应用时，要充分结合花艺的材质、设计以及环境的格调和空间功能，综合考虑选择，才能更好地发挥出美化环境的效果。

### 一、花艺的布局

花艺在不同的空间内会表现出不同的效果，例如，在玄关处选择悬挂式的花艺作品挂在墙面上，能让人眼前一亮，但应当尽量选择简洁淡雅的插花作品（图7-9）。

## 二、感官效果

花艺选择还需要充分考虑人的感官和需要，例如餐桌上的花卉不宜使用气味过分浓烈的鲜花或干花，气味很重可能会影响用餐者的食欲。而卧室、书房等场所，适合选择淡雅的花材，能使居住者感觉心情舒畅，也有助于放松精神，缓解疲劳（图7-10）。

（a）卧室花艺　　　　　　（b）卫浴间花艺

图7-9　花艺的布局

图7-9（a）：卧室内的花艺主要以辅助提高睡眠质量为宗旨，因此不可选择香味过于浓郁，或是色彩过于艳丽的花卉，一枝龟背竹既满足了装饰需求又能让人静心。

图7-9（b）：在卫浴间摆放花艺，能够给人舒适的感受，而此处接触水比较多，所以可以选择玻璃瓶等容器。

（a）薰衣草与柳条　　　　　　（b）野芋

图7-10　花材的选择

图7-10（a）：薰衣草与柳条在餐桌上的混搭别有一番韵味，柳条婀娜多姿，为餐桌增添了吸引力。

图7-10（b）：书房内的花艺装饰，常常以绿植为主。绿植不会干扰人在工作时的注意力，同时能净化空气。

## 三、空间风格

花艺一般可以分为东方风格与西方风格，东方风格更追求意境，喜好使用淡雅的颜色，而西方风格更强调色彩的装饰效果，如同油画一般，丰满华贵。选择何种花艺，需要根据空间设计的风格进行把握，如果选择不当，则会显得格格不入（图7-11）。

## 四、花艺材料

花艺材料可以分为鲜花类、干花类、仿真花等。

### 1. 鲜花类

鲜花类是自然界有生命的植物材料。鲜花色彩亮丽，且植物本身的光合作用能够净化空气，花香味同样能给人愉快的感受，充满大自然的气息，但是鲜花类保存时间短，而且成本较高（表7-1）。

图7-11（a）：中式风格的花艺注重写意、形式美。就如山水画般，若隐若现，具有深沉含蓄的美。

图7-11（b）：造型精致的花瓶搭配小朵花枝，具有日式花艺风格特点。日式花艺往往点到即止，令人意犹未尽。

（a）中式风格与花艺　　（b）日式风格与花艺

图7-11　花艺的风格

表7-1　　　　　　　　　　　　常用室内鲜花种类

| 玫瑰 | 洋甘菊 | 牡丹 | 非洲菊 |
|---|---|---|---|
|  |  |  |  |
| 跳舞兰 | 绣球 | 相思果 | 向日葵 |
|  |  |  |  |

续表

| 玉兰  | 茶玫  | 红石榴果  | 丁香  |
|---|---|---|---|

> **— 补充要点 —**
>
> **花材定义**
>
> 主花材，指作为视觉焦点的花材，通常是名贵的、奇怪的、硕大的、比较抢眼的材料，在整个作品中起画龙点睛的作用。副花材，常用作造型的架构搭建和轮廓填充，对主花材起烘托和协调作用。补花材，能够有效地增加作品的律动感和节奏，同时填充作品的负空间。

**2. 干花类**

干花类是利用新鲜的植物，经过加工制作，成品可长期存放，有独特风格的花艺装饰。干花一般保留了新鲜植物的香气，同时可以较长时间保持植物原有的色泽和形态。与鲜花相比，干花能长期保存，但是缺少生命力，色泽感较差（表7-2）。

表7-2　　常用室内干花种类

| 松塔  | 蔷薇  | 尤加利叶  |
|---|---|---|
| 莲蓬  | 兔尾草  | 莲花  |

续表

| 黄金球 | 小雏菊 | 蒲苇 |
|---|---|---|
| | | |

### 3. 仿真花

仿真花是使用布料、塑料、网纱等材料,模仿鲜花制作的人造花。仿真花能再现鲜花的美,价格实惠并且保存持久,但是并没有鲜花与干花的大自然香气。发挥不同材质花的优势,需要认真考虑空间的条件,例如在光线昏暗的空间,可以选择干花,因为干花不受采光的限制,而且又能展现出干花本身的自然美(图7-12)。

## 五、采光方式

不同采光方式会带给人不同的心理感受,要想使花艺更好地表达它自身的意境和内涵,就要使之恰到好处地与光影融合为一体,以产生相得益彰的效果。一般来讲,从上方直射下来的光线会使花艺显得比较呆板;侧光会使花艺显得紧凑浓密,并且会由于光照角度的不同而形成不同的明暗对比;如果光线完全从花艺的下方照射,会使花艺呈现出一种飘浮感和神秘感(图7-13)。

(a)仿真猫尾谷

(b)仿真绿植绿叶

图7-12 仿真花

图7-13 异形吊灯与花卉

图7-12(a):仿真猫尾谷,大多装饰在咖啡馆、面包房内,能够提升家居气质。采用绢布染色工艺,非常逼真。建议选择仿真花时,以质量为准,太过虚假的花,放在室内反而弄巧成拙。

图7-12(b):仿真绿植绿叶,非常百搭,生活忙碌、无法照顾新鲜绿植的人们可以考虑此类,非常省心。

图7-13:异形吊灯参差地悬挂在屋顶,三色系灯光洒落在餐桌上的干花上,营造了温馨的氛围。

# 任务四　插花设计制作项目案例

插花是通过一定形象来展示植物美的造型艺术，插花艺术有一定的规律和构图原则，需要掌握插花造型和色彩设计的基本知识。插花设计制作是软装与陈设设计必备基本功，也是设计师自身素养的表现。

## 一、插花基本要求

花材与花器的比例要协调，插花的高度（即第一主枝高）不要超过插花容器高度的2倍，容器高度是指瓶口直径加花瓶本身的高度。在第一主枝高度确定后，第二主枝高为第一主枝高的2/3，第三主枝高为第二主枝高的1/2。在具体创作过程中凭经验目测就可以了。第二、三主枝起着构图上的均衡作用，数量不限，但是大小、比例要协调。

自然式插花花材与容器之间的比例配合必须恰当，做到错落有致，疏密相间，避免露脚、缩头、蓬乱。规则式插花与抽象式插花最好按黄金分割比例处理，瓶高为3，花材高为5，总高为8，比例即为3∶5∶8。

## 二、插花设计制作

（1）去掉花卉的残枝败叶。根据花卉的不同品种，进行长短剪裁，根据构图的需要进行弯曲处理。为了延长水养时间，最好在水中剪取。

（2）固定。为了让花卉姿态按照预先设想的方案呈现，一般在花器的瓶口处，按照瓶口直径长度，取两段较粗的枝干，十字交叉于瓶口处进行固定。最好使用花插、花泥、铝丝等工具进行固定。

（3）插序。一般若先插花后插叶，则容易在插叶的时候将花的高度降低。正确的顺序应该是选材、选插衬景叶、插摆花、插主叶。

（4）调整。对完成的插花作少许修剪，调整到位，做好养护即可（图7-14）。

插花是一门造型艺术，要求设计师掌握一定的插花基本理论知识和构图要点，要根据新设想的主题，把素材组织起来，构成一个协调、完整的画面。按照插花构图6个技巧来完成设计与制作：①高低错落；②疏密有致；③虚实结合；④仰俯呼应；⑤上轻下重；⑥上散下聚（图7-15）。

项目七
绿植花艺设计

图7-14 插花制作

图7-14（a）：采集、购买适量鲜花，一般中小型花瓶需要1~2种花、1~2种枝叶或草。

图7-14（b）：对鲜花作筛选，进行剪枝，主要剪掉下部较大枝叶，保留上部较小枝叶。

图7-14（c）：部分花卉也要去除边缘花瓣，将修整好的花卉摆放整齐，仔细比较修整状况。

图7-14（d）：使用橡皮筋或彩绳将花卉茎秆固定在一起，反复调整中央与周边花卉的位置。

图7-14（e）：插入花瓶后再次修剪末梢多余花朵和枝叶，再次调整花卉的观赏角度。

图7-14（f）：向花瓶内倒入勾兑好的糖水，放置在窗台等采光充裕的地方。

图7-15 修饰摆放

图7-15：根茎整齐的插花可入透明玻璃瓶，根茎形态复杂的可入陶瓷瓶，插花枝叶扩散程度与瓶口造型接近。

花篮插花是将不同色彩、不同姿态的花材，按照创作原则组织后放入花器中（图7-16）。

### 三、插花保鲜

常规保鲜的方法为，每隔一两天，用剪刀修剪插花的末端，使花枝断面保持新鲜，花枝的吸水功能保持良好状态，延长插花寿命。也可以将花枝末端用火烧一下，使花枝末端20~30mm处变色后及时浸入冷水中，再插进花瓶，这种方法一方面可起到给新鲜伤口消毒的作用，又可以增强吸水

（a）采集购买鲜花

（b）布置保鲜袋

（c）摆放填充棉

（d）插入花卉主体固定

（e）全部插入并修剪

（f）修剪枝叶梢

（g）修饰摆放

图7-16 花篮插花

图7-16（a）：采集、购买适量鲜花，一般中小型花篮需要2～3种花、2～3种枝叶或草即可。

图7-16（b）：在花篮内铺上保鲜袋，将周边多余的袋口向内折叠，防止漏水。

图7-16（c）：在花篮内放置高分子聚合物填充棉并注水，使其膨胀。

图7-16（d）：将主体鲜花与枝叶插入花篮中，先插出基本轮廓，并适当修剪枝叶。

图7-16（e）：根据轮廓将鲜花全部插入，注意保持插花高度一致，周边对称。

图7-16（f）：最后对鲜花与枝叶稍作修剪，将花篮放置在窗台等采光充裕的地方。

图7-16（g）：花篮开口面积较大，插入数朵小朵花卉，并将花卉排列整齐，多种色彩花卉组合，形成较丰富的色彩层次。

功能，适用于花枝茎较硬的鲜花，如梅花、桃花、蔷薇花、芙蓉花、白兰花等。还可以将花枝末端20~30mm放进开水中浸烫约2min后，立即浸到冷水中，再插进花瓶，这种方法适用于花枝茎较柔软的鲜花，如郁金香、大丽花、牡丹花等。

此外，还可以给花瓶内加入适量盐，搅拌均匀后将鲜花插进去，这种方法适用于喜碱性的山茶花、水仙花等。也可以在插花前先在瓶内水中加少许白糖，搅拌均匀后，再将鲜花插进去，这种方法适用于富含糖质的百合花、桔梗花等鲜花。

## 项目小结

软装花艺是指将植物的枝、叶、花、果作为素材，经过一定的技术和艺术加工，组合成一件精致完美、富有诗情画意，能再现大自然和生活美的花卉艺术。花艺设计不仅仅是单纯的各种花卉组合，而是一种形色兼备，融生活、艺术为一体的艺术创作活动。

课后练习

1. 如何挑选花器和布置花艺？
2. 花器种类有哪些？
3. 花艺绿植在室内软装饰中有哪些作用？
4. 在室内陈设中，鲜花、干花与仿真花有什么不同的装饰特点？
5. 收集具有特色的花器样式，并思考其可以搭配什么种类的绿植、花卉。
6. 自主设计面积15~30m²的办公室，并对空间进行花卉、绿植设计（作业数量：1份。渲染效果图，在400mm×400mm的KT板上进行排版展示。建议完成课时：5课时）。
7. 中国共产党始终坚持"一切从实际出发，理论联系实际，实事求是，在实践中检验真理和发展真理"，将其作为思想路线，在我们生活、学习中也同样适用。我们在了解了绿植花艺基础知识后，谈谈如何对自己生活的环境进行花艺设计或改造，丰富室内环境。

# 项目八 灯具

学习目标：了解灯与灯饰功能、灯具类别和风格。掌握灯饰与环境搭配的技巧

重点概念：灯光、灯饰

## ◁ 项目导读

灯是照明的器具，是现代居家生活必不可少的工具。灯具是软装设计中非常重要的一个部分，很多情况下，灯具会成为一个空间的亮点，每个灯具都应该被看作一件艺术品，它所投射出的灯光可以使空间的格调获得大幅的提升。切忌单纯追求外形而忽略了灯具本身的功能（图8-1）。

图8-1：丰富的灯具与餐厅环境结合起来能够形成多样的室内情调，形成不同的环境气氛。灯具配置应该首先考虑功能，要方便好用；其次考虑经济及艺术性。

图8-1 餐厅灯具布置

# 任务一 灯光与灯饰功能

在现代室内空间中，灯具不仅用于满足人们日常生活中的照明需求，更多的时候是对空间进行装饰。伴随着科技、全球化的发展，灯具样式以及灯光都有了更多的选择。往往精心设计过的灯光与灯饰搭配的室内空间，会更有层次和氛围。

## 一、灯光

灯光对室内不同质感装饰材料的烘托和空间环境的整体装饰布局的呈现具有重要的作用。灯光对装饰材料的色彩、透明度、光滑度、反光度、材质肌理等进行综合照明烘托，突出展现光和影之间的相互交融，往往能够使装饰材料的质感层次更加丰富（图8-2）。

## 二、灯饰

灯饰被亲切地称为家居的眼睛，家庭中如果没有灯具，就像人没有了眼睛。灯在家庭中的地位至关重要，如今人们将照明的灯具称为灯饰，灯具已不仅仅被用来照明，还可以用来装饰房间（图8-3）。

（a）神秘氛围

（b）温馨氛围

图8-2 灯光效果

图8-2（a）：空间用吊灯装饰出神秘的氛围。清冷的色调，水泥墙面，低调又让人好奇。

图8-2（b）：很多人的家里都会配置暖色光的灯，本就温馨的家庭洋溢着浓浓的幸福味道。

（a）中式风格吊灯

（b）水晶吊灯

图8-3 灯饰

图8-3（a）：中式风格吊灯，采用羊皮纸工艺，朦胧绰约的姿态在夜晚给人优雅的心境。

图8-3（b）：现在动辄十几万元的一盏灯并不少见，纯水晶、镀金等各种昂贵材质的运用，让灯饰成了奢侈品。

# 任务二 灯饰类别

灯饰按造型分类主要有吊灯、吸顶灯、壁灯、镜前灯、朝天灯、筒灯、射灯、落地灯、台灯等。其中吊灯、吸顶灯、壁灯、镜前灯、筒灯和射灯是固定安装在特定的位置，不可以移动，属于固定式灯饰，而落地灯、台灯和朝天灯属于移动式灯饰，不需要固定安装，可以按照需要自由放置。

## 一、吊灯

吊灯分单头吊灯和多头吊灯，前者多用于卧室、餐厅，后者宜用在客厅、酒店大堂等，也有些空间采用单头吊灯自由组合成吊灯组。（图8-4）。

## 二、吸顶灯

吸顶灯安装时完全紧贴在室内顶面上，适合作整体照明用。吸顶灯与吊灯在使用空间上有区别，吊灯多用于较高的空间中，吸顶灯则用于较低的空间中（图8-5）。

图8-4（a）：水晶吊灯是吊灯中应用最广的，在风格上包括欧式水晶吊灯、现代水晶吊灯两种类型。

图8-4（b）：烛台吊灯的灵感来自欧洲古典的烛台照明方式，那时都是在悬挂的铁艺上放置数根蜡烛。

图8-4（c）：中式吊灯一般适用于中式风格与新中式风格的空间。中式吊灯给人一种沉稳舒适之感，能让人浮躁的情绪回归安宁。

图8-4（d）：时尚吊灯造型新颖别致，美观大方，提供良好的装饰效果。

（a）水晶吊灯

（b）烛台吊灯

（c）中式吊灯

（d）时尚吊灯

图8-4 吊灯

## 三、壁灯

壁灯是安装在室内墙壁上的辅助照明灯饰，常用的有双头玉兰壁灯、玉柱壁灯等（图8-6）。

## 四、镜前灯

镜前灯一般是指固定在镜子周围的照明灯，作用是提高亮度，使照镜子的人更容易看清自己，所以往往是配合镜子一起出现的（图8-7）。

## 五、朝天灯

朝天灯通常是可以移动和可携带的，灯饰的光线束是向上方投射的，通过投射到天花板，再反射下来，这样能够形成非常有气质的光照背景，用朝天灯展现出来的光照背景效果要比天花板上的吊灯展现的要柔和很多（图8-8）。

图8-5　吸顶灯

图8-5：吸顶灯常用的有方罩吸顶灯、圆球吸顶灯、尖扁圆吸顶灯、半圆球吸顶灯、半扁球吸顶灯、小长方罩吸顶灯等类型。

图8-6　壁灯

图8-6：选择壁灯主要看结构、造型，一般机械成型的较便宜，手工的较贵。

图8-7　镜前灯

图8-7：常见的镜前灯有梳妆镜子灯和卫浴间镜子灯，镜前灯还可以安装在镜子的左右两侧，也有和镜子合为一体的类型。

图8-8　朝天灯

图8-8：在软装设计中，卧室墙面和电视背景墙等地方使用频率比较高，为渲染空间氛围起到重要的作用。

## 六、筒灯、射灯

筒灯是一种相较于普通明装的灯饰更具有聚光性的灯饰，一般是用于普通照明或辅助照明，一般使用在过道、卧室周圈以及客厅周圈（图8-9）。

射灯是一种高度聚光的灯饰，它的光线照射可指定特定目标，主要是用于特殊的照明，如强调某个很有品位或是很有新意的地方（图8-10）。

## 七、落地灯

落地灯一般与沙发、茶几配合，一方面满足该区域的照明需求，另一方面形成特定的环境氛围（图8-11）。

## 八、台灯

台灯根据材质分类有金属台灯、树脂台灯、玻璃台灯等；根据使用功能分类有阅读台灯和装饰台灯（图8-12）。

图8-9 筒灯

图8-9：筒灯是营造特殊氛围的照明灯饰，主要的作用是突出主观审美，达到重点突出、层次丰富、气氛浓郁的照明艺术效果。

图8-10 射灯

图8-10：射灯相较于筒灯而言，可自由变换角度，组合照明的效果也是千变万化。射灯其光线柔和，能更好地烘托室内氛围。

图8-11 落地灯

图8-11：通常，落地灯不宜放在高大家具旁或妨碍活动的区域内。落地灯一般由灯罩、支架、底座三部分组成。

图8-12 台灯

图8-12：在选择台灯时，应考虑整体设计风格。如简约风格的房间应倾向于选择现代款式。

# 任务三 灯饰搭配技巧

灯饰是软装设计的重要环节，不仅满足人们日常生活的需要，同时也为环境空间起到重要的装饰作用和气氛烘托作用。软装设计里的灯饰一般都以装饰为主。现代设计里，开始出现形式多样的灯饰造型，每个灯饰或具有雕塑感，或色彩缤纷，在搭配的时候要根据气氛要求来选择。

## 一、明确灯饰的装饰作用

在给灯饰选造型时，首先要确定这个灯饰在空间里扮演什么样的角色，接着要考虑这个吊灯是什么风格，需要多大的规格，灯光颜色如何等问题，这些影响空间的整体氛围（图8-13）。

## 二、考虑灯饰的风格统一

在较大的空间里，如果需要搭配多种灯饰，就应考虑风格统一的问题。例如，客厅很大，需要将灯饰在风格上进行统一，避免各类灯饰之间在造型上互相冲突，即使想要做一些对比和变化，也要通过色彩或材质中的某一个因素将两种灯饰协调统一起来（图8-14）。

（a）精美的吊灯

（b）纸雕台灯

图8-13 灯饰的装饰作用

图8-13（a）：精美的吊灯，往往是客厅的首选。端庄大气的风格，会给人留下对这所居室最初的印象。

图8-13（b）：这款台灯以装饰为主，照明为辅。未开灯时，能看到堆叠出层层纸雕的精湛手艺。

（a）捕梦网灯具

（b）镂空灯具

（c）藤编灯具

图8-14 灯饰风格的统一

图8-14（a）：捕梦网与灯具的结合，实现了少女心中的公主梦。放置在卧室中非常梦幻。

图8-14（b）：镂空灯具能带给人很大的惊喜，从缝隙中透出来的绰约的花纹与图案，令人眼前一亮。

图8-14（c）：藤编的灯具给人以亲切感，蜿蜒下落的造型非常优美，放置在一角极具艺术感。

### 三、判断灯饰是否满足空间需求

各类灯饰在一个空间里要互相配合，有些提供主要照明，有些是气氛灯。另外在房间的功能上，以客厅为例，假如人坐在沙发上想看书，是否有台灯可以提供照明，客厅中的饰品是否被照亮以便被人欣赏到，这都是判断空间灯饰是否已经足够的因素（图8-15）。

（a）娱乐空间灯饰

（b）吊灯

图8-15　灯饰要满足空间的要求

图8-15（a）：在娱乐空间里，灯饰往往非常具有创意，无论是颜色还是造型的选择都非常大胆，目的在于装饰，而照明则使用筒灯来完成。

图8-15（b）：巨大的吊灯虽然设计比较复杂，但其基本的照明功能并不差，满足客厅的照明需求绰绰有余。

# 任务四　艺术空间灯具项目案例

随着设计风格的多样化，艺术性灯具以及灯光布置在室内空间中扮演了极其重要的角色，不同色温、亮度、灯光照射位置以及灯具样式都会给身处空间中的人们不一样的视觉、心理感受。

### 一、服装店灯具设计

日本的一家服装店，店面设计独具特色，像一个待拆开的礼物盒，引诱着人们前去购物，进去一窥究竟。商业空间中的软装设计旨在精心打造一个视觉盛宴，全方位提升消费者在视觉享受、理智认同与情感共鸣上的购物体验（图8-16）。

### 二、新中式灯具设计

空间整体散发出优雅清爽的气息，能感受到房主的儒雅气质，蓝色与绿色运用得当（图8-17）。

（a）橙色与绿色的结合　　　　（b）服装区

图8-16　服装店灯具

图8-16（a）：服装店设计较为简洁，橙色与绿色的结合使得整个服装店充满了活力，灯光色温营造高端消费氛围，能很好地激发消费者的购买欲望。

图8-16（b）：服装区的服装少而精致，看似毫无规则，实则与店面设计完美地融合在一起。金色的墙面设计，暖色灯光与之辉映，使得服装具有高级质感。

（a）室内灯具设计　　　　（b）中式台灯

图8-17　新中式灯具

图8-17（a）：此中式室内空间选择偏古典、简约的灯具搭配米色布艺沙发。墙面悬挂麋鹿樱花主题装饰画。

图8-17（b）：陶瓷底座的中式台灯，散发出古朴典雅的气息。结合沙发搭配的抱枕非常精致，墨绿绒布面料与立体刺绣的结合，优雅迷人。

## 项目小结

　　灯饰，在我们的生活中有着很重要的作用，可以营造小到烛光晚餐的氛围，大到流光溢彩的霓虹世界。灯饰的搭配离不开色彩这一重要因素，灯光的色彩与环境的总基调一致的时候，居室的整体环境也是相对和谐统一的。

### 课后练习

1. 按造型分，灯饰分为哪几种？简要叙述其特点。
2. 在设计灯饰时应考虑哪些因素？
3. 在住宅灯具设计中，不同的使用空间对于灯具的要求有什么不同？
4. 考察某室内空间，分析灯饰搭配有什么技巧？
5. 收集欧式风格、现代风格、中式传统风格灯具设计图案各10幅。
6. 选择任意一处住宅功能区，对其进行照明设计，进行效果渲染（作业数量：2份。装裱在约400mm×400mm的KT板上。建议完成课时：3课时）。
7. 中华文化源远流长、博大精深，思考如何将中国传统文化与灯饰进行结合，并进行构思和设计。

## 参考文献 REFERENCES

［1］格思里. 室内设计师便携手册［M］. 北京：中国建筑工业出版社，2008.

［2］派尔. 世界室内设计史［M］. 北京：中国建筑工业出版社，2007.

［3］许秀平. 室内软装设计项目教程：居住与公共空间风格. 元素. 流程. 方案设计［M］. 北京：人民邮电出版社，2016.

［4］吴卫光，乔国玲. 室内软装设计［M］. 上海：上海人民美术出版社，2017.

［5］招霞. 软装设计配色手册［M］. 南京：江苏凤凰科学技术出版社，2015.

［6］叶斌. 新家居装修与软装设计［M］. 福州：福建科技出版社，2017.

［7］曹祥哲. 室内陈设设计［M］. 北京：人民邮电出版社，2015.

［8］文健. 室内色彩、家具与陈设设计［M］. 2版. 北京：北京交通大学出版社，2010.

［9］常大伟. 陈设设计［M］. 北京：中国青年出版社，2011.

［10］简名敏. 软装设计师手册［M］. 南京：江苏人民出版社，2011.

［11］霍维国. 中国室内设计史［M］. 北京：中国建筑工业出版社，2007.

［12］李建. 概念与空间：现代室内设计范例解析［M］. 北京：中国建筑工业出版社，2004.

［13］郑曙旸. 室内设计程序［M］. 北京：中国建筑工业出版社，2011.

［14］潘吾华. 室内陈设艺术设计［M］. 北京：中国建筑工业出版社，2013.

［15］庄荣等. 家具与陈设［M］. 北京：中国建筑工业出版社，2004.

［16］严建中. 软装设计教程［M］. 南京：江苏人民出版社，2013.